Q&A と ケース でみる
生産緑地2022年問題への対応・承継・税制のすべて

共著　本木 賢太郎（弁護士・税理士・公認会計士）
　　　岩崎 紗矢佳（弁護士）
　　　松澤　龍人
　　　飯田　淳二

新日本法規

は　し　が　き

　　バブル経済等を背景に1991（平成3）年より生産緑地法の一部改正法が施行され、三大都市圏の特定市の市街化区域の農地所有者等は、農地を生産緑地に指定するのか、しないのかの選択が義務付けられました。

　　以降、四半世紀にわたり、特定市街化区域での農地制度の柱となる生産緑地法及び相続税納税猶予制度（租税特別措置法）は、抜本的な改正がなされず、経過してきました。

　　このような中、社会情勢等を受け2015（平成27）年に都市農業振興基本法が成立・施行し、このことを契機に都市緑地法等の一部改正に盛り込まれる形で生産緑地法の一部改正が施行され、続いて租税特別措置法の改正により相続税納税猶予制度の適用を受けている生産緑地の貸借が可能となり、その貸借の手法となるいわゆる都市農地貸借円滑化法が2018（平成30）年9月1日に施行されました。

　　現在ある全国の生産緑地の約8割は1992（平成4）年に市町村長より指定告示されたものであるといわれ、指定告示より30年目に当たる2022（令和4）年には、その生産緑地は一斉に事由なく市町村長に買取申出することが可能になります。生産緑地法の一部改正では、この2022年問題に対処するため、特定生産緑地制度が創設されました。

　　農地制度において、特に特定市街化区域の農地に関連する制度は複雑に絡み合い煩雑化しているといわれています。

　　本書では、この2022年問題への対応に関するケース別の解説はもとより、生産緑地法の基本的事項から関連する相続税納税猶予制度、都市農地貸借円滑化法、農地法等において、特に特定市街化区域の農地等に関係の深い項目を取り上げQ&Aとケース方式により解説をしています。

本書が2022年問題への対処や都市農地に関係する制度の理解につなげられることができましたなら、筆者一同、望外な喜びであります。

　最後に、本書の出版の機会を与えてくださいました新日本法規出版株式会社の福岡亮祐氏をはじめ編集部また関係各位に心より感謝を申し上げます。

2020（令和2）年3月

本　木　賢太郎
岩　崎　紗矢佳
松　澤　龍　人
飯　田　淳　二

執 筆 者 一 覧

本木　賢太郎（弁護士・税理士・公認会計士）

岩崎　紗矢佳（弁護士）

松澤　龍人（一般社団法人　東京都農業会議　業務
　　　　　　部長）

飯田　淳二（一般社団法人　東京都農業会議）

略　語　表

<法令等の表記>

　根拠となる法令等の略記例及び略語は次のとおりです（〔　〕は本文中の略語を示します。）。

　　生産緑地法第3条第1項第1号＝生産緑地3①一

　　平成30年11月22日30農振第2283号＝平30・11・22　30農振2283

生産緑地	生産緑地法	特定農地貸付令	特定農地貸付けに関する農地法等の特例に関する法律施行令
生産緑地令	生産緑地法施行令		
生産緑地則	生産緑地法施行規則	特定農地貸付則	特定農地貸付けに関する農地法等の特例に関する法律施行規則
行手	行政手続法		
近畿圏整備	近畿圏整備法	都計	都市計画法
市民農園整備	市民農園整備促進法	都計令	都市計画法施行令
		都市農地貸借〔都市農地貸借円滑化法〕	都市農地の貸借の円滑化に関する法律
市民農園整備令	市民農園整備促進法施行令		
市民農園整備則	市民農園整備促進法施行規則		
		都市農地貸借則	都市農地の貸借の円滑化に関する法律施行規則
首都圏整備	首都圏整備法	農地	農地法
租特	租税特別措置法	農地令	農地法施行令
租特令	租税特別措置法施行令	農地則	農地法施行規則
租特則	租税特別措置法施行規則	民	民法
地税	地方税法		
中部圏整備	中部圏開発整備法		
特定農地貸付〔特定農地貸付法〕	特定農地貸付けに関する農地法等の特例に関する法律		

目 次

第1章 Q&A

1 生産緑地法の概要

2 生産緑地の税制の概要

3　生産緑地における相続税納税猶予制度の適用

4　都市農地貸借円滑化法

5　生産緑地に開設できる市民農園

第2章　特定生産緑地におけるケーススタディ

索　引

第 1 章

Q & A

2

1　生産緑地法の概要

Q1 生産緑地法と関係の深い都市計画法の線引きと用途地域とは

A 都市計画法では、都市計画区域を定めることができ、その区域内を市街化区域と市街化調整区域に線引きすることができます。生産緑地は、市街化区域においてのみ指定することができます。また、都市計画区域には、用途地域と呼ばれる13の地域を定めることができ、地域ごとに建築物の用途制限があります。

解　説

1　都市計画法とは

(1)　都市計画区域

都市計画法とは、都市の健全な発展と秩序ある整備を図り、もって国土の均衡ある発展と公共の福祉の増進に寄与することを目的とする法律です（都計1）。都市計画法では「都市計画」を定めることができるとされています。「都市計画」とは、「都市の健全な発展と秩序ある整備を図るための土地利用、都市施設の整備及び市街地開発事業に関する計画」です（都計4①）。都市計画区域は、都道府県が市町村の区域外にわたり指定することができます（都計5②）。そのため、一つの都市計画区域が複数の市町村にわたることもあります。

(2)　線引きとは

都市計画区域について無秩序な市街化を防止し、計画的な市街化を

図るために必要があるときは、市街化区域と市街化調整区域の区分を定めることができます（都計7①）。この区域区分の定めが「線引き」と呼ばれるものです。なお、都市計画区域は全てを区域区分（線引き）しなければならないわけではなく、「非線引き」区域と呼ばれる市街化区域にも市街化調整区域にも定められていない区域があります。

　市街化区域とは、「すでに市街地を形成している区域及びおおむね10年以内に優先的かつ計画的に市街化を図るべき区域」です（都計7②）。市街化調整区域とは、「市街化を抑制すべき区域」です（都計7③）。市街化区域は、市街化（主に「宅地」化を想定。）を進めるべき区域となり、市街化調整区域は、市街化を抑制すべき区域です。

　(3)　線引きの効果

　市街化区域は市街化を進めるべき区域ですので、農地を農地以外に転用する際には、農業委員会に対する「届出」手続で足ります（農地4①七・5①六）。

　届出とは、「行政庁に対し一定の事項を通知する行為であって、法令により直接に当該通知が義務付けられているもの」とされています（行手2①七）。もっとも、「農地法関係事務処理要領の制定について」（以下「事務処理要領」といいます。）（平21・12・11　21経営4608・21農振1599）第4　5(5)アには、「農業委員会は届出書の提出があったときは、速やかに……調査の上、その届出が適法であるかどうかを審査して、その受理又は不受理を決定する」と記され、また、同ウの準用する第4　1(5)ウには、不許可処分をする場合には、行政不服審査法の規定による審査請求をすることができる旨が定められています。このことに鑑みると「市街化区域内の農地転用に関する農地法上の届出については」「むしろ申請に近いものと解することができ」るとされています（宮﨑直己『農地法読本』247頁（大成出版社、四訂版、2017））（「申請」とは「法

令に基づき、行政庁の許可、認可、免許その他の自己に対し何らかの利益を付与する処分を求める行為であって、当該行為に対して行政庁が諾否の応答をすべきこととされているもの」（行手2①三）をいいます。）。

　いずれにしろ、後記の市街化調整区域では転用に「許可」が必要であることからすると、市街化区域内の転用は緩やかな手続によって可能となるといえます。

　市街化調整区域は市街化を抑制すべき区域ですので、農地を農地以外に転用するためには農業委員会の「許可」が必要になります（農地4①・5①）。さらに、農地を宅地等に転用した後に建築物（農業、林業、漁業に供する政令で定める建築物、これらの業務を営む者の居住の用に供する建築物を除きます。）を建築する際には都市計画法上の開発許可（都計29①二）が必要になります。転用許可や開発許可などの「許可」とは「本来誰でも享受できる個人の自由を、公共の福祉の観点からあらかじめ一般的に禁止しておき、個別の申請に基づいて禁止を解除する行政行為」です（櫻井敬子・橋本博之『行政法』79頁（弘文堂、第2版、2009））。つまり、あらかじめ禁止されている行為について要件を満たす場合に限り禁止を解除する手続です。上記の届出と異なり、市街化調整区域の農地の転用は、禁止の解除という厳しい手続であるといえます。

　このように、農地が市街化区域にあるか市街化調整区域にあるかで、規制や制度が変わってきますので、この区分けが農地の所有や利用に大きな影響を与えることになります。

　なお、農地法5条1項の「許可」は同4条1項に定める自己使用の転用と異なり、転用のほかに農地法3条1項（Q33参照）と同様に、所有権移転や利用権設定等の効果を生ぜしめるものですので、「農地法4条と

3条の両方の許可の性質を兼ね備えたものと理解することができ」「講学上の許可と認可の両方の性質を有するものと解することができ」るとされます（宮﨑直己『農地法読本』238頁（大成出版社、四訂版、2017））。禁止の解除であると同時に、認可（私人の行為を完結させるための行政の補充行為）の要素も含まれていると考えられます。

　農地法3条1項の法的性質については、最高裁判所昭和38年11月12日判決（判例時報361号45頁）が「農地法第3条に定める農地の権利移動に関する県知事の許可の性質は、当事者の法律行為（たとえば売買）を補充してその法律上の効力（たとえば売買による所有権移転）を完成させるものにすぎず、講学上のいわゆる補充行為の性質を有すると解される」と判示しています。

2　用途地域とは

　都市計画区域の中には用途地域と呼ばれる地域を定めることができます（都計8①一）。用途地域は第一種低層住居専用地域から工業専用地域まで、13に分かれています（都計8①一・9①～⑬）。

　これは、類似の施設が集まることで、その地域全体として、その施設に合った環境作りができ、効率的な土地の利用ができると考え設けられた仕組みです。

　用途地域内で建築物を建築する際には用途地域ごとに建築制限があります。つまり、建築物の用途によってその地域に建築ができる建築物が決められています。

　例えば、第一種低層住居専用地域は「低層住宅に係る良好な住居の環境を保護するため定める地域」です（都計9①）。第二種低層住居専用地域は「主として低層住宅に係る良好な住居の環境を保護するため定める地域」です（都計9②）。これらは低層住宅のための地域ですので、

住宅や小中学校などは建てられますが、大規模な店舗、倉庫、工場などは建てられません。

　反対に、工業専用地域は「工業の利便を増進するため定める地域」です（都計9⑬）。工場のための地域ですので、住宅や学校などは建てられません。

　工場では大きな騒音が出たり、大きなトラックの往来が頻繁であるなど住宅や学校など静かな環境が求められる施設と近接させると、相互に支障が出てしまうため、それぞれの専用区域には建築できる建築物の制限がなされているものです。詳細は、後掲用途地域一覧表をご覧ください（新たに規定された用途地域である田園住居地域（都計9⑧）についてはQ36を参照。）。

3　生産緑地とは

（1）　生産緑地法と都市計画法

　後記のとおり、「生産緑地」の定義は「生産緑地法」によって定められています。生産緑地法は、都市計画法に定める都市計画区域（都計5①）のうち、生産緑地地区として定められた地区（都計8①十四）に関する都市計画に関し必要な事項を定めるものです（生産緑地1）。

（2）　生産緑地とは

　生産緑地とは、市街化区域内にある農地等で法律に定められた条件を満たし生産緑地地区に指定された土地や森林をいいます（生産緑地3①・2三、都計8①十四）。つまり市街化区域以外には存在しないものです。

　なお、ここにいう農地等とは「現に農業の用に供されている農地若しくは採草牧草地、現に林業の用に供されている森林又は現に漁業の用に供されている池沼（これらに隣接し、かつ、これらと一体となつ

て農林漁業の用に供されている農業用道路その他の土地を含む。)」を
いいます（生産緑地2一）。

　上記のように市街化区域は市街化を推進する区域ですから農地や森
林は例外的な存在ともいえます。しかし、市街化区域内にも農地があ
ることにより消費地である都市に近接して農産物の生産ができること
や、緑が身近にある良好な生活環境の維持など、市街化区域内に生産
緑地を設けることにより、農林漁業との調整を図りつつ良好な都市環
境の形成に資することができると考えられます（生産緑地1参照）。この
ような目的で1974（昭和49）年に生産緑地法が制定されました。

　そして、1991（平成3）年の生産緑地法の改正により、三大都市圏の
特定市（1991（平成3）年1月1日現在）の市街化区域において農地を有
する場合には、生産緑地の指定を受けるか、受けないか（宅地化農地）
の選択を迫られたのです。現在の生産緑地の指定は多くがこの選択を
迫られた時期である1992（平成4）年になされています。

　(3)　生産緑地の効果

　生産緑地に指定されると行為制限の解除がされない限り農地以外に
転用することができません（生産緑地8①）。その一方で、固定資産税は
市街化区域外の一般農地と同じく、評価は「農地評価」となり、課税
も「農地課税」となります。三大都市圏の特定市の市街化区域農地は、
評価も「宅地並評価」となり課税も「宅地並課税」となることから、
固定資産税額は、生産緑地か否かで大きく変わってきます。

　また、三大都市圏の特定市（1991（平成3）年1月1日現在）の市街化
区域においては、生産緑地又は田園住居地域内の農地を相続した場合
のみ、その相続人は相続税納税猶予制度の適用を受けることができま
す（租特70の6①・70の4②四イロ三参照）。

＜用途地域一覧表＞

用途地域内の建築物の用途制限
○ 建てられる用途
× 建てられない用途
①、②、③、④、▲ 建てられる用途
■：面積、階数等の制限あり

用途	第一種低層住居専用地域	第二種低層住居専用地域	第一種中高層住居専用地域	第二種中高層住居専用地域	第一種住居地域	第二種住居地域	準住居地域	田園住居地域	近隣商業地域	商業地域	準工業地域	工業地域	工業専用地域	備考
住宅、共同住宅、寄宿舎、下宿	○	○	○	○	○	○	○	○	○	○	○	○	×	
兼用住宅で、非住宅部分の床面積が、50m²以下かつ建築物の延べ面積の2分の1未満のもの	○	○	○	○	○	○	○	○	○	○	○	○	×	非住宅部分の用途制限あり。
店舗等の床面積が150m²以下のもの	×	①	②	③	○	○	○	①	○	○	○	④	④	① 日用品販売店舗、喫茶店、理髪店、建具屋等のサービス業用店舗のみ。2階以下
店舗等の床面積が150m²を超え、500m²以下のもの	×	×	②	③	○	○	○	②	○	○	○	④	④	② ①に加えて、物品販売店舗、飲食店、損保代理店・銀行の支店・宅地建物取引業者等のサービス業用店舗のみ。2階以下
店舗等の床面積が500m²を超え、1,500m²以下のもの	×	×	×	③	○	○	○	■	○	○	○	④	④	③ 2階以下　　■ 農産物直売所、農家レストラン等のみ。2階以下
店舗等の床面積が1,500m²を超え、3,000m²以下のもの	×	×	×	×	○	○	○	×	○	○	○	④	④	
店舗等の床面積が3,000m²を超え、10,000m²以下のもの	×	×	×	×	×	○	○	×	○	○	○	④	×	④ 物品販売店舗及び飲食店を除く。
店舗等の床面積が10,000m²を超えるもの	×	×	×	×	×	×	×	×	○	○	○	×	×	
事務所等の床面積が150m²以下のもの	×	×	×	▲	○	○	○	×	○	○	○	○	○	▲ 2階以下
事務所等の床面積が150m²を超え、500m²以下のもの	×	×	×	▲	○	○	○	×	○	○	○	○	○	
事務所等の床面積が500m²を超え、1,500m²以下のもの	×	×	×	▲	○	○	○	×	○	○	○	○	○	
事務所等の床面積が1,500m²を超え、3,000m²以下のもの	×	×	×	×	○	○	○	×	○	○	○	○	○	
事務所等の床面積が3,000m²を超えるもの	×	×	×	×	×	○	○	×	○	○	○	○	○	
ホテル、旅館	×	×	×	×	▲	○	○	×	○	○	○	×	×	▲ 3,000m²以下
ボーリング場、スケート場、水泳場、ゴルフ練習場等	×	×	×	×	▲	○	○	×	○	○	○	○	×	▲ 3,000m²以下
カラオケボックス等	×	×	×	×	×	▲	▲	×	○	○	○	▲	▲	▲ 10,000m²以下
麻雀屋、パチンコ屋、射的場、馬券・車券発売所等	×	×	×	×	×	▲	▲	×	○	○	○	▲	×	▲ 10,000m²以下
劇場、映画館、演芸場、観覧場、ナイトクラブ等	×	×	×	×	×	×	▲	×	○	○	○	×	×	▲ 客席及びナイトクラブ等の用途に供する部分の床面積200m²未満
キャバレー、個室付浴場等	×	×	×	×	×	×	×	×	×	○	▲	×	×	▲ 個室付浴場等を除く。

用途	備考
幼稚園、小学校、中学校、高等学校	
大学、高等専門学校、専修学校等	
公共施設・図書館等	
巡査派出所、一定規模以下の郵便局等	
神社、寺院、教会等	
病院	
公衆浴場、診療所、保育所等	
老人ホーム、身体障害者福祉ホーム等	
学校等・老人福祉センター、児童厚生施設等	▲600m²以下
自動車教習所	▲3,000m²以下　２階以下
単独車庫（附属車庫を除く）	▲300m²以下　２階以下
建築物附属自動車車庫（①②については、建築物の延べ面積の１／２以下かつ備考欄に記載の制限）	①600m²以下１階以下　③　２階以下 ②3,000m²以下２階以下 ※一団地の敷地内について別に制限あり。
工・倉庫業倉庫	
自家用倉庫	①２階以下かつ1,500m²以下 ②3,000m²以下 ■農産物及び農業の生産資材を貯蔵するものに限る。
畜舎（15m²を超えるもの）	▲3,000m²以下
場・パン屋、米屋、豆腐屋、菓子屋、洋服店、畳屋、建具屋、自転車店等で作業場の床面積が50m²以下	原動機の制限あり。　▲　２階以下
危険性や環境を悪化させるおそれが非常に少ない工場	原動機・作業内容の制限あり。作業場の床面積②　150m²以下③　300m²以下
倉・危険性や環境を悪化させるおそれが少ない工場	①50m²以下②　150m²以下 ■農産物を生産、集荷、処理及び貯蔵するものに限る。
危険性や環境を悪化させるおそれがやや多い工場	
庫・危険性が大きいか又は著しく環境を悪化させるおそれがある工場	原動機の制限あり。　作業場の床面積 ①50m²以下②150m²以下③300m²以下
自動車修理工場	①1,500m²以下　２階以下 ②3,000m²以下
等・火薬、石油類、ガスなどの危険物の貯蔵・処理の量	量が非常に少ない施設
	量が少ない施設
	量がやや多い施設
	量が多い施設

（注１）本表は、令和２年２月現在の建築基準法別表第二の概要であり、全ての制限について掲載したものではない。都市計画区域内においては都市計画決定が必要など、別に規定あり。

（注２）飼料市場、火葬場、と畜場、汚物処理場、ごみ焼却場等は、都市計画決定が必要など、別に規定あり。

Q₂　市街化区域で生産緑地に指定するかしないかの選択が必要な特定市とは

A　　三大都市圏の特定市の市街化区域の農地は、生産緑地の指定を受けなければ、固定資産税の軽減措置（農地評価）が適用されません。さらに、1991（平成3）年1月1日現在の三大都市圏の特定市の市街化区域の農地では、生産緑地でなければ相続時に相続税納税猶予制度の適用を受けることはできません。これらの市街化区域内の農地は、生産緑地に指定するかしないかの選択が必要になります。

解　説

1　三大都市圏の特定市

　国土交通省が発表している2016（平成28）年4月1日現在の三大都市圏の特定市は、**別表1**のとおりです。相続税の納税猶予制度との関連で後記する1991（平成3）年1月1日現在の三大都市圏の特定市（**別表2**）とは範囲が異なりますのでご注意ください。

　なお、三大都市圏の特定市とは、特定市街化区域内農地対象市のことで、首都圏整備法に定める「既成市街地」（首都圏整備2③）及び「近郊整備地帯」（首都圏整備2④）、中部圏開発整備法に定める「都市整備区域」（中部圏整備2③）、近畿圏整備法に定める「既成都市区域」（近畿圏整備2③）及び「近郊整備区域」（近畿圏整備2④）に存在する政令指定都市及び上記の区域を含む市（東京都の特別区を含みます。）をいいます。

2　三大都市圏の特定市における市街化区域内の農地の取扱い

(1)　固定資産税について

1991（平成3）年4月に生産緑地法が改正され、同年9月10日から施行されました。この改正により、三大都市圏の特定市の市街化区域内の農地では、生産緑地に指定されたものだけが固定資産税について農地評価・農地課税が適用されることになりました。生産緑地に指定されない農地は、宅地並評価・宅地並課税となります（以下「宅地化農地」といいます。）。

(2)　相続税納税猶予制度について

上記の生産緑地法の改正にあわせ、1991（平成3）年1月1日現在の三大都市圏の特定市の市街化区域内の農地について、1992（平成4）年1月1日以降に発生した相続は、生産緑地又は田園住居地域内の農地についてのみ相続税の納税猶予が適用されることになりました（租特70の6①・70の4②四イロ三参照）。適用の期限は終生（終生の営農が必要）となります（Q13参照）。

3　1991（平成3）年1月2日以降に特定市となった地域の市街化区域内の農地の取扱い

(1)　固定資産税について

1991（平成3）年1月2日以降に三大都市圏の特定市となった地域の市街化区域の農地は、同年1月1日時点の三大都市圏の特定市と同様に、生産緑地に指定されると固定資産税が農地評価・農地課税となり、宅地化農地では宅地並評価・宅地並課税となります。

(2)　相続税納税猶予制度について

1991（平成3）年1月2日以降に三大都市圏の特定市となった地域の市街化区域の農地は、生産緑地であっても宅地化農地であっても相続税納税猶予制度の適用を受けることができ、適用期限は20年となります

（租特70の6⑥）。ただし、2018（平成30）年9月1日以降に発生した相続では、生産緑地が終生適用、宅地化農地は20年適用となります（平12・12・28都計発92　Ⅳ-2-1　Ⅱ）　Ｄ　20　9(1)）。また、20年適用の生産緑地を都市農地貸借円滑化法等により貸し付けたときは、適用を受けている生産緑地の相続税納税猶予制度適用農地は全て終生適用となります（Q13参照）。

<別表1　2016（平成28）年4月1日現在の三大都市圏の特定市>

（平成28年4月1日現在）

圏域名	都道府県名	市　町　村　名
首都圏	茨城県 7市	龍ヶ崎市、取手市、坂東市、牛久市、守谷市、常総市、つくばみらい市
	埼玉県 37市	川越市、川口市、行田市、所沢市、飯能市、加須市、東松山市、春日部市、狭山市、羽生市、鴻巣市、上尾市、草加市、越谷市、蕨市、戸田市、入間市、朝霞市、志木市、和光市、新座市、桶川市、久喜市、北本市、八潮市、富士見市、三郷市、蓮田市、坂戸市、幸手市、鶴ヶ島市、日高市、吉川市、さいたま市、ふじみ野市、熊谷市、白岡市
	千葉県 23市	千葉市、市川市、船橋市、木更津市、松戸市、野田市、成田市、佐倉市、習志野市、柏市、市原市、流山市、八千代市、我孫子市、鎌ヶ谷市、君津市、富津市、浦安市、四街道市、袖ヶ浦市、印西市、白井市、富里市
	東京都 27市	特別区＊、八王子市、立川市、武蔵野市、三鷹市、青梅市、府中市、昭島市、調布市、町田市、小金井市、小平市、日野市、東村山市、国分寺市、国立市、福生市、狛江市、東大和市、清瀬市、東久留米市、武蔵村山市、多摩市、稲城市、羽村市、あきる野市、西東京市

113市	神奈川県 19市	横浜市、川崎市、横須賀市、平塚市、鎌倉市、藤沢市、小田原市、茅ヶ崎市、逗子市、相模原市、三浦市、秦野市、厚木市、大和市、伊勢原市、海老名市、座間市、南足柄市、綾瀬市
中部圏 38市	愛知県 33市	名古屋市、岡崎市、一宮市、瀬戸市、半田市、春日井市、津島市、碧南市、刈谷市、豊田市、安城市、西尾市、犬山市、常滑市、江南市、小牧市、稲沢市、東海市、大府市、知多市、知立市、尾張旭市、高浜市、岩倉市、豊明市、日進市、愛西市、清須市、北名古屋市、弥富市、あま市、みよし市、長久手市
	三重県 3市	四日市市、桑名市、いなべ市
	静岡県 2市	静岡市、浜松市
近畿圏 63市	京都府 10市	京都市、宇治市、亀岡市、城陽市、向日市、長岡京市、八幡市、京田辺市、南丹市、木津川市
	大阪府 33市	大阪市、堺市、岸和田市、豊中市、池田市、吹田市、泉大津市、高槻市、貝塚市、守口市、枚方市、茨木市、八尾市、泉佐野市、富田林市、寝屋川市、河内長野市、松原市、大東市、和泉市、箕面市、柏原市、羽曳野市、門真市、摂津市、高石市、藤井寺市、東大阪市、泉南市、四條畷市、交野市、大阪狭山市、阪南市
	兵庫県 8市	神戸市、尼崎市、西宮市、芦屋市、伊丹市、宝塚市、川西市、三田市
	奈良県 12市	奈良市、大和高田市、大和郡山市、天理市、橿原市、桜井市、五條市、御所市、生駒市、香芝市、葛城市、宇陀市

＊　「特定市」とは、以下に掲げる圏域に存在する政令指定都市及び以下に掲げる区域を含む市（東京都の特別区を含む。）をいう。

首都圏：首都圏整備法の既成市街地及び近郊整備地帯内にあるもの

中部圏：中部圏開発整備法の都市整備区域内にあるもの

近畿圏：近畿圏整備法の既成都市区域及び近郊整備区域内にあるもの

＊　東京都の特別区の存する区域を一つの市としてカウントしている。

（国土交通省ウェブサイトをもとに作成）

＜別表２　1991（平成3）年1月1日現在の三大都市圏の特定市＞

区分	都府県名	都　市　名
首 都 圏 （106市）	茨 城 県 （5市）	竜ヶ崎市、水海道市、取手市、岩井市、牛久市
	埼 玉 県 （36市）	川口市、川越市、浦和市、大宮市、行田市、所沢市、飯能市、加須市、東松山市、岩槻市、春日部市、狭山市、羽生市、鴻巣市、上尾市、与野市、草加市、越谷市、蕨市、戸田市、志木市、和光市、桶川市、新座市、朝霞市、鳩ヶ谷市、入間市、久喜市、北本市、上福岡市、富士見市、八潮市、蓮田市、三郷市、坂戸市、幸手市
	東 京 都 （27市）	特別区、武蔵野市、三鷹市、八王子市、立川市、青梅市、府中市、昭島市、調布市、町田市、小金井市、小平市、日野市、東村山市、国分寺市、国立市、福生市、多摩市、稲城市、狛江市、武蔵村山市、東大和市、清瀬市、東久留米市、保谷市、田無市、秋川市
	千 葉 県 （19市）	千葉市、市川市、船橋市、木更津市、松戸市、野田市、成田市、佐倉市、習志野市、柏市、市原市、君津市、富津市、八千代市、浦安市、鎌ヶ谷市、流山市、我孫子市、四街道市
	神 奈 川 県 （19市）	横浜市、川崎市、横須賀市、平塚市、鎌倉市、藤沢市、小田原市、茅ヶ崎市、逗子市、相模原市、三浦市、秦野市、厚木市、大和市、海老名市、座間市、伊勢原市、南足柄市、綾瀬市

中部圏 （28市）	愛知県 （26市）	名古屋市、岡崎市、一宮市、瀬戸市、半田市、春日井市、津島市、碧南市、刈谷市、豊田市、安城市、西尾市、犬山市、常滑市、江南市、尾西市、小牧市、稲沢市、東海市、尾張旭市、知立市、高浜市、大府市、知多市、岩倉市、豊明市
	三重県 （2市）	四日市市、桑名市
近畿圏 （56市）	京都府 （7市）	京都市、宇治市、亀岡市、向日市、長岡京市、城陽市、八幡市
	大阪府 （32市）	大阪市、守口市、東大阪市、堺市、岸和田市、豊中市、池田市、吹田市、泉大津市、高槻市、貝塚市、枚方市、茨木市、八尾市、泉佐野市、富田林市、寝屋川市、河内長野市、松原市、大東市、和泉市、箕面市、柏原市、羽曳野市、門真市、摂津市、泉南市、藤井寺市、交野市、四條畷市、高石市、大阪狭山市
	兵庫県 （8市）	神戸市、尼崎市、西宮市、芦屋市、伊丹市、宝塚市、川西市、三田市
	奈良県 （9市）	奈良市、大和高田市、大和郡山市、天理市、橿原市、桜井市、五條市、御所市、生駒市

※　市町村名は、1991（平成3）年1月1日現在のもの

（東京国税局資料をもとに作成）

Q3　生産緑地の指定手続は

A　　所有する市街化区域内の農地を生産緑地としたいときは、その生産緑地のある市町村長から生産緑地の指定を受けることが必要です。指定には当該市町村が定めた指定基準等の要件を満たすことが必要です。ただし、生産緑地の指定希望を受け付けている市町村と、受け付けていない市町村があります。まずは、市町村の都市計画を担当する部署に相談することが肝要です。なお「生産緑地」の指定と「特定生産緑地」の指定は異なる制度ですので、ご注意ください。

解　説

1　市町村長への生産緑地指定の申請

　生産緑地に関する都市計画は、市町村が定めます（都計15①）。所有する市街化区域の農地を生産緑地に指定したいときは、利害関係人がいる場合にはその全員の同意を得て、その農地が所在する市町村長に、生産緑地の指定希望の申請をします（生産緑地3③④参照）。しかし、そもそも生産緑地の指定希望を受け付けていない市町村がありますので、まずは、市町村の都市計画を担当する部署に相談することが肝要です。

2　生産緑地の指定要件

　生産緑地の指定を受けるためには、市街化区域にある農地等であることが前提となります（生産緑地3①柱書）。その上で、①「公害又は災害

の防止、農林漁業と調和した都市環境の保全等良好な生活環境の確保に相当の効用があり、かつ、公共施設等の敷地の用に供する土地として適しているものであること」(生産緑地3①一)、②「500m²以上の規模の区域であること」(生産緑地3①二)、③「用排水その他の状況を勘案して農林漁業の継続が可能な条件を備えていると認められるものであること」(生産緑地3①三)等の生産緑地法に定められた要件を満たす必要があります。なお、②の要件については、条例で要件を緩和し、300m²以上等としている市町村もあります(生産緑地3②参照)。

　これらの要件に加え、市町村ごとに定めている生産緑地地区指定基準等の要件も満たす必要があります。

3　特定生産緑地制度との違いに注意

　Q25に記される2022年問題と関連してQ26以降に詳述される「特定生産緑地」への指定が進められています。この「特定生産緑地」と本項で解説する「生産緑地」は別の制度ですので注意が必要です。

第一種生産緑地とは

　　　第一種生産緑地とは、1974（昭和49）年に生産緑地
法が制定された際に定められた制度で、1991（平成3）
年の生産緑地法改正前までは指定可能であった生産緑
地の種別です。現在では、第一種生産緑地の指定は受けられませ
ん。また、第一種生産緑地は特定生産緑地の指定を受ける必要が
なく、従来の税制度がそのまま継続されます。

解　説

1　第一種生産緑地とは

　第一種生産緑地は、1974（昭和49）年に生産緑地法が制定された際
に定められた制度です（旧生産緑地2三・3）。

　現行の生産緑地と同じく、建築物などの建築や宅地の造成には、市
町村長の許可を受けなければならない（旧生産緑地8①一・二）などの制
限があります。

　第一種生産緑地は、都市計画の指定告示の日から起算して10年を経
過したときには買取申出が可能なものの（旧生産緑地10、都計20①・8①十
四）、買取申出をしないときにも、固定資産税の農地評価が継続し、相
続税納税猶予制度の適用も可能であるなど従来の税制度が継続するた
め、現在まで第一種生産緑地のまま存在している農地があります。

2　第一種生産緑地と現行の生産緑地の違い

　第一種生産緑地は、事由を必要とせずいつでも買取申出が可能ですが、現行制度の税制のメリットも適用されています。

　なお、現行の生産緑地は、指定告示より30年目を迎える前に、特定生産緑地の指定を受けなければ、現行の税制のメリットを享受できなくなります。

　また、現在では、新たに第一種生産緑地の指定を受けることはできません。

生産緑地の指定が可能な農地等とは

 　生産緑地の指定が可能な農地等は、宅地のほか採草放牧地、森林、池沼等と規定されています。

解　説

1　生産緑地の指定が可能な農地

　生産緑地法では、指定が可能な農地等について「現に農業の用に供されている農地若しくは採草放牧地、現に林業の用に供されている森林又は現に漁業の用に供されている池沼（これらに隣接し、かつ、これらと一体となつて農林漁業の用に供されている農業用道路その他の土地を含む。）をいう。」と規定しています。

　加えて都市計画運用指針にて「これらに隣接し、かつ、これらと一体となつて農林漁業の用に供されている農業用道路その他の土地」（生産緑地2一）とされ「その他の土地」については、農業用水路及び生産緑地法8条において許容される施設（Ｑ7参照）の立地する土地を含むものと定めています。農地等については、何らかの理由により一時的に耕作されていない状態のいわゆる休耕地であっても、容易に耕作の用に供することができるようなものであれば「農地等」に含まれると定めています（平12・12・28都計発92　Ⅳ－2－1　Ⅱ）　Ｄ　20　2(1)②ア）。

　なお、「農地」及び「採草放牧地」については、農地法にて「この法律で農地とは、耕作の目的に供される土地をいい、採草放牧地とは、

農地以外の土地で、主として耕作又は養畜の事業のための採草又は家
畜の放牧の目的に供されるものをいう」と規定しています（農地2①）。
さらに、農地法関係法令及び通知等にて、下記のとおり定められてい
ます。

①　「農地」とは耕作の目的に供される土地をいいます。この場合、
「耕作」とは土地に労費を加え肥培管理を行って作物を栽培するこ
とをいい、「耕作の目的に供される土地」には、現に耕作されている
土地のほか、現在は耕作されていなくても耕作しようとすればいつ
でも耕作できるような、すなわち、客観的に見てその現状が耕作の
目的に供されると認められる土地（休耕地、不耕作地等）も含まれ
ます（平12・6・1　12構改B404　第1(1)①）。

②　農地として利用するには一定水準以上の物理的条件整備が必要な
土地（人力又は農業用機械では耕起、整地ができない土地）であっ
て、農業的利用を図るための条件整備（基盤整備事業の実施等）が
計画されていない土地について、次のいずれかに該当するものは、
農地に該当しないものとし、これ以外のものは農地に該当します（平
21・12・11　21経営4530・21農振1598　第4(4)）。

　㋐　その土地が森林の様相を呈しているなど農地に復元するための
　　物理的な条件整備が著しく困難な場合

　㋑　㋐以外の場合であって、その土地の周囲の状況からみて、その
　　土地を農地として復元しても継続して利用することができないと
　　見込まれる場合

③　施設園芸用地等の取扱いについて（回答）に定められている農地
に形質変更を加えず、棚、農作物の栽培用資材等を設置して農作物
の栽培を行っている土地やその農地の農作物の栽培のために設置す

ることが必要不可欠な通路等の用地（Q30）（平14・4・1　13経営6953）。

④　農作物栽培高度化施設の底面

　農業委員会に届け出て農作物栽培高度化施設の底面とするために農地をコンクリート等で覆う場合における農作物栽培高度化施設の用に供される農地（農地43①）。

2　生産緑地の指定が可能な採草放牧地

　「採草放牧地」とは、農地以外の土地で耕作又は養畜のため採草又は家畜の放牧の目的を主として供される土地をいいます。林木育成の目的に供される土地が併せて採草放牧地の目的に供されており、そのいずれが主であるかの判定が困難な場合には、樹冠の疎密度が0.3以下の土地は主として採草放牧の目的に供されていると判断します（平12・6・1　12構改B404　第1(1)②）。

　以上の規定に該当する農地及び採草放牧地は、原則、生産緑地の指定が可能であると解せます。

　なお、現況農地等であっても、農地法4条1項7号又は5条1項6号の規定による届出が行われているものは、生産緑地法8条において許容される施設に転用されている場合を除き、生産緑地地区に定めることは望ましくありません。ただし、届出後の状況の変化により、現に、再び農林漁業の用に供されている土地で、将来的にも営農が継続されることが確認される場合等には、生産緑地地区に定めることも可能であると定められています（平12・12・28都計発92　Ⅳ-2-1　Ⅱ）　D　20　2(1)②ア）。

生産緑地の一団性要件とは

　　　生産緑地の指定要件である「一団のものの区域」（生産緑地3①柱書）とは、500m²以上の規模の区域であると規定されています（生産緑地3①二）。

　一方、「市町村は、公園、緑地その他の公共空地の整備の状況及び土地利用の状況を勘案して必要があると認めるときは、前項第2号の規定にかかわらず、政令で定める基準に従い、条例で、区域の規模に関する条件を別に定めることができる」とされており（生産緑地3②）、条例で定める規模については、300m²以上500m²未満の区域であると規定されています（生産緑地令3）。

　このため、市町村によっては、条例により生産緑地指定について別段規模の面積（以下「指定下限面積」といいます。）を定めているところがあります。

解　説

　都市計画運用指針では「生産緑地法第3条第1項の『一団のものの区域』とは、原則として、物理的に一体的な地形的まとまりを有している農地等の区域であり、道路、水路等（農業用道路、農業用水路等を除く。以下同じ。）が介在している場合であっても、それらが小規模なもので、かつ、これらの道路、水路等及び農地等が物理的に一体性を有していると認められるものであれば、一団の農地等として取り扱うことが可能である。この場合、介在する道路、水路等は生産緑地地区

の区域には含まれない。なお、小規模として取り扱う道路、水路等の
幅員規模としては、6m程度が上限であるが、地域の実情に応じ、適宜
判断することが望ましい。ただし、稠密な市街地等において、同一の
街区又は隣接する街区に存在する複数の農地等が、一体として緑地機
能を果たすことにより、良好な都市環境の形成に資する場合には、物
理的な一体性を有していない場合であっても、一団の農地等として生
産緑地地区を定めることが可能である。この場合、一団の農地等を構
成する個々の農地等の面積については、100m²程度を下限とし、地域
の実情に応じ、適宜判断することが望ましい」（平12・12・28都計発92　Ⅳ
−2−1　Ⅱ）　　D　20　2(1)②イ）と示されていることから、市町村にお
ける生産緑地指定要綱等により本事項が規定されていれば、指定下限
面積を満たさない農地であっても、①6m程度以下の道路に挟まれた
一団の農地（図１）、又は、②同一街区に存在する複数の農地等と一体
として緑地機能を果たしている等の場合で一定面積（100m²程度等）
以上の農地（図２）について、生産緑地の指定を受けることが可能で
あると考えられます。

図1

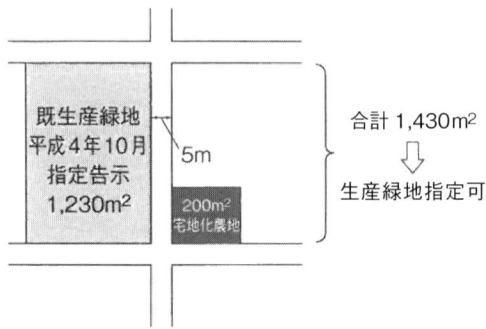

既生産緑地
平成4年10月
指定告示
1,230m²

5m

200m²
宅地化農地

合計 1,430m²
⇩
生産緑地指定可

（北沢俊春ほか編著『これで守れる　都市農業・農地』41頁（農山漁村文化協会、2019））

図2

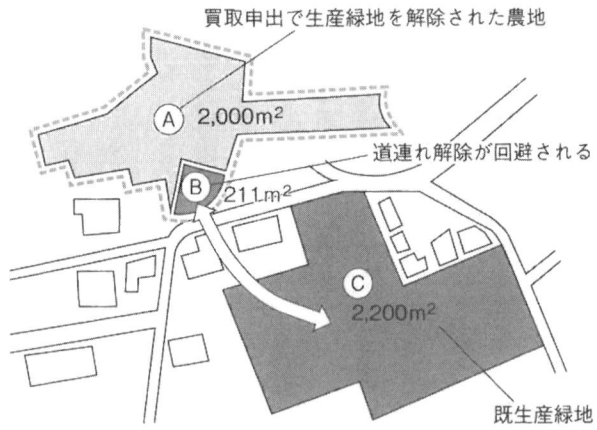

買取申出で生産緑地を解除された農地

Ⓐ 2,000m²

Ⓑ 211m²

道連れ解除が回避される

Ⓒ 2,200m²

既生産緑地

（北沢俊春ほか編著『これで守れる　都市農業・農地』42頁（農山漁村文化協会、2019））

Q7　生産緑地の行為制限とは

A　生産緑地（第一種生産緑地を含みます。）の指定を受けた農地等は、税制の控除等が受けられる一方で、開発行為等の制限が課せられることになります。

解　説

1　行為制限

　行為制限については、生産緑地法8条1項に「生産緑地地区内においては、次に掲げる行為は、市町村長の許可を受けなければ、してはならない」と定められ、その行為を

①　建築物その他の工作物の新築、改築又は増築

②　宅地の造成、土石の採取その他の土地の形質の変更

③　水面の埋立て又は干拓

と規定しています。

　ただし、公共施設等（※）の設置若しくは管理に係る行為（⑦）、当該生産緑地地区に関する都市計画が定められた際既に着手していた行為（⑦）又は非常災害のため必要な応急措置として行う行為（⑦）については、この限りではないとしています（生産緑地8①ただし書）。

　なお、⑦の行為をする者はあらかじめ市町村長に通知する（生産緑地8④）、⑦の行為に着手している者はその都市計画が定められた日から起算して30日以内に市町村長に届け出る（生産緑地8⑤）、⑦の行為をした者はその行為をした日から起算して14日以内に市町村長に届け出る（生産緑地8⑥）ことが規定されています。

※公共施設等（生産緑地2二）

　公園、緑地その他の政令で定める公共の用に供する施設及び学校、病院その他の公益性が高いと認められる施設で政令で定めるものをいう。

◆政令で定める施設（生産緑地令1①）

　①　都市計画法4条6項に規定する都市計画施設

　②　土地収用法3条各号に掲げる施設

　③　土地収用法3条29号に掲げる公園事業に係る施設

2　市町村長が許可することができる施設

　市町村長は、次に掲げる施設の設置又は管理に係る行為で、良好な生活環境の確保を図る上で支障がないと認めるものに限り、開発を許可することができると規定しています（生産緑地8②柱書）。

①　次に掲げる施設で、当該生産緑地において農林漁業を営むために必要となるもの（生産緑地8②一）

　㋐　農産物、林産物又は水産物（以下「農産物等」といいます。）の生産又は集荷の用に供する施設

　「生産又は集荷の用に供する施設」とはビニールハウス、温室、畜舎、育種苗施設、搾乳施設等農林漁業の生産の用に供される施設又は集乳施設、集果施設等農林漁業による生産物を集荷する施設をいう。なお、農地法第43条第1項の規定による届出に係る同条第2項に規定する農作物栽培高度化施設（Q31参照）については、当該農地の緑地機能及び多目的保留地機能が著しく損なわれず、良好な生活環境が継続的に確保されると認められる場合には「生産又は集荷の用に供する施設」に該当するものとして許可しても差し支えない（平12・12・28都計発92　Ⅳ－2－1　Ⅱ）　D　20　4(1)①1))。

イ　農林漁業の生産資材の貯蔵又は保管の用に供する施設

「生産資材の貯蔵又は保管の用に供する施設」とは、サイロ、種苗貯蔵施設、農機具等の収納施設等の農林漁業の生産のための資材の貯蔵又は保管の用に供する施設をいう（平12・12・28都計発92　Ⅳ－2－1　Ⅱ）　D　20　4(1)①2))。

ウ　農産物等の処理又は貯蔵に必要な共同利用施設

「処理又は貯蔵に必要な共同利用施設」とは、選果場、ライスセンター（米麦乾燥場）等農林漁業による生産物の処理又は貯蔵のため共同で利用される施設をいう（平12・12・28都計発92　Ⅳ－2－1　Ⅱ）　D　20　4(1)①3))。

エ　農林漁業に従事する者の休憩施設

「農林漁業に従事する者の休憩施設」とは、休憩所、あづまや、便所等農作業の準備を行い、作業の合間に休憩を取るために必要な施設をいうものであり、専ら市民農園利用者が利用する休憩施設を含む（平12・12・28都計発92　Ⅳ－2－1　Ⅱ）　D　20　4(1)①4))。

②　次に掲げる施設で、当該生産緑地の保全に著しい支障を及ぼすおそれがなく、かつ、当該生産緑地における農林漁業の安定的な継続に資するものとして国土交通省令で定める基準に適合するもの（生産緑地8②二）。

◆施設を設置するための共通の要件
　①　設置する施設の敷地を除いた当該生産緑地地区の残存面積の下限を500m²（条例で別途面積を定めている市町村ではその面積まで）とする（生産緑地則2一）。
　②　施設の敷地面積の合計について当該生産緑地の面積に対する割合の上限を10分の2とする（生産緑地則2二）。
　③　当該生産緑地に係る農林漁業の主たる従事者（Q8参照）が設置及び管理を行う施設であること（生産緑地則2三）。

　⑦　当該生産緑地地区及びその周辺の地域内において生産された農
　　産物等を主たる原材料として使用する製造又は加工の用に供する
　　施設

　　「当該生産緑地地区及びその周辺の地域内において生産された農産物
　等」とは、当該生産緑地地区の主たる従事者が生産した農産物等、又は
　当該農産物等及び当該施設が設置される市町村内の区域内若しくは都市
　計画区域内において生産された農産物等をいい、これを主たる原材料と
　して使用する製造又は加工の用に供する施設であること（生産緑地則2
　四）。
　　また「主たる原材料」とは、量的又は金額的に5割以上を原材料として
　いることを意味している（平12・12・28都計発92　Ⅳ−2−1　Ⅱ）　D　20
　　4(1)②1)）。

　⑦　当該生産緑地地区及びその周辺の地域内において生産された農
　　産物等又はこれを主たる原材料として製造され、若しくは加工さ
　　れた物品の販売の用に供する施設

　　本施設は、主として地域内農産物等又はそれらを主たる原材料として
　製造され、若しくは加工された物品の販売の用に供する施設である（生
　産緑地則2五）。
　　この施設は、地域内農産物等やそれらを主たる原材料とした製造・加
　工品を販売する直売所をいう。また「主として」とは、これらが、他の
　農産物や製造加工品より量的又は金額的に多いものをいう（平12・12・28
　都計発92　Ⅳ−2−1　Ⅱ）　D　20　4(1)②2)）。

　⑦　当該生産緑地地区及びその周辺の地域内において生産された農
　　産物等を主たる材料とする料理の提供の用に供する施設

　　本施設は、多人数に対して、地域内農産物等を主たる材料とする料理
　の提供の用に供する施設である（生産緑地則2①六）。
　　この施設は、地域内農産物等を主たる材料として調理して提供する食

堂、レストランをいい、いわゆる農家レストランを指す。ここで「主たる材料として」とは、量的又は金額的に5割以上を材料としていることを意味している（平12・12・28都計発92　Ⅳ－2－1　Ⅱ）　D　20　4(1)②3)）。

　なお、当該施設（②に該当する施設）の設置規模の基準は附帯する駐車場を含み、当該駐車場は、必要最小限の規模とするよう留意すべきであると示されています（平12・12・28都計発92　Ⅳ－2－1　Ⅱ）　D　20　4(1)②6)）。

　また、国の機関又は地方公共団体が当該施設（②に該当する施設）を設置しようとするときは市町村長の許可を要しないが、あらかじめ市町村長と協議しなくてはならないと規定されています（生産緑地8⑧)）。

③　主として都市の住民の利用に供される農地等の施設

　主として都市の住民の利用に供される農地で、相当数の者を対象として定型的な条件で、レクリエーションその他の営利以外の目的で継続して行われる農作業の用に供されるものに設置される当該農地の保全又は利用上必要な下記の施設（生産緑地8②三、生産緑地令5)）。

㋐　農作業の講習の用に供する施設

㋑　管理事務所その他の管理施設

　当該農地はいわゆる市民農園を指すものであり、「農作業の講習の用に供する施設」とは、講習室、植物展示室、使用閲覧室、教材園等市民農園の利用者に対し、適切な農地の利用を確保するため必要な講習を施すために必要な施設をいうものであり、「管理事務所その他の管理施設」とは、具体的には市民農園の管理事務所、管理人詰所、管理用具置場、ごみ処理場等をいう。また、当該施設に附帯する施設として専ら市民農園利用者が利用する駐車場を整備することができる（平12・12・28都計発92　Ⅳ－2－1　Ⅱ）　D　20　4(1)③1) 2)）。

3 市町村長の許可を得ずに行うことができる管理行為等

通常の管理行為、軽易な行為その他の行為で下記の行為に当たるものは市町村長の許可等を得ず行うことができます（生産緑地8⑨、生産緑地令6）。

① 建築物以外の工作物で次に掲げるものの新設、改築又は増設
　㋐ 仮設の工作物
　㋑ 水道管、下水道管渠その他これらに類する工作物で地下に設けるもの
② 法令又はこれに基づく処分による義務の履行として行う行為
③ 当該生産緑地において農林漁業を営むために行う施設（畜舎を除く上記2①と②に該当する施設）の設置又は管理に係る下記の行為
　㋐ 建築物その他の工作物の新築、改築又は増築で、その新築、改築又は増築に係る部分の床面積の合計又は築造面積が90m²以下であるもの
　㋑ 幅員が2m以下の用排水路・農道若しくは林道の設置又は管理
④ 農地等とするための土地の形質の変更、水面の埋立て又は干拓

4 生産緑地に農業用施設等を設置する際の留意点

生産緑地法8条で許容される農業用施設等を生産緑地に設置するときは、他法令との整合性等を図る必要があります。

① 当該生産緑地が位置する用途地域に設置できる施設であるか（Q1参照）
② 自己用の農業用施設等を設置するときであっても、当該施設が200m²以上の規模であるときは、当該生産緑地のある市町村の農業委員会に農地法4条の転用の届出を行うこと

　なお、自己転用でないときは、200m²未満であっても、農地法5条の届出が必要となります（Q32参照）。

　また、相続税納税猶予制度の適用を受けている生産緑地では、①相続税納税猶予制度適用農地で設置できる施設であるか（Q15参照）、②相続税納税猶予制度の適用を受けることができる農地とみなされる施設であるか（Q30参照）という点にも留意する必要があります。

5　行為制限の違反に対する規定

　生産緑地法8条に規定する行為制限に違反し、開発等を行った場合は、市町村長は、違反した者等に対し、相当の期間を定め、原状回復を命じ、原状回復が著しく困難な場合は、これに代わるべき必要な措置を命じることができると規定されています（生産緑地9①）。

　また、市町村長は、過失がなくて原状回復等を命ずる者を確知できないときは、公告を経て、その者等の負担において、自ら原状回復等を行うことができると定められています（生産緑地9②）。

生産緑地の行為制限の解除につながる「買取申出」とは

 　生産緑地の所有者が生産緑地の行為制限の解除をしようとするときは、まず市町村長に対し、当該生産緑地を時価で買い取るべき旨の申出（以下「買取申出」といいます。）を行います。買取申出を行うためには事由が必要となります。

解　説

1　買取申出の条件

　生産緑地の所有者は下記の事由に該当したときに、市町村長に買取申出を行うことができます（生産緑地10）。

① 　生産緑地の指定告示の日から起算して30年を経過する日以後

② 　当該生産緑地に係る農林漁業の主たる従事者が死亡し、又は農林漁業に従事することを不可能にさせる故障に至ったとき

　また、買取申出をしようとする際に、当該生産緑地が他人の権利の目的となっているときは、市町村等による買い取る旨の通知書の発送（生産緑地12①②）を条件として、当該権利を消滅させる旨の書面を添付しなくてはならないと定められています（生産緑地10）。

　これは、例えば、当該生産緑地が賃貸借されているときに、その所有者である貸付人（法定相続人等を含みます。）が買取申出をしようとする際は、賃貸借を解約するという農地法18条6項の規定による通知書等の届出が併せて必要になるということです（Q34参照）。

2　買取申出可能日

　1の①については、その所有者は指定告示より30年を経過する前ま
でに、特定生産緑地の指定を受けるか受けないかの選択をすることに
なります。特定生産緑地の指定を受けないときに、指定告示より30年
を経過した日以後に、その生産緑地の買取申出が可能となります（Q
25～Q29参照）（生産緑地10①）。

　なお、一団性要件を満たさなくなったときに、生産緑地の指定が解
除されるときがあります（Q6参照）。

　第一種生産緑地は、事由を問わず、いつでも生産緑地の買取申出を
することが可能です（Q4参照）。

3　主たる従事者

　1②に規定する「主たる従事者」については、その生産緑地におい
て主となる従事者のほか、併せて下記の者が主たる従事者に該当する
と定められています（生産緑地則3）。

① 　生産緑地の買取申出があった日に、主たる従事者が65歳未満であ
　　る場合においては、当該者が生産緑地に係る農林漁業の業務に1年
　　間に従事した日数の8割以上従事した者

② 　生産緑地の買取申出があった日に、主たる従事者が65歳以上であ
　　る場合においては、当該者が生産緑地に係る農林漁業の業務に1年
　　間に従事した日数の7割以上従事した者

③ 　都市農地貸借円滑化法又は特定農地貸付法（市民農園整備促進法
　　を含みます。）の用に供される生産緑地にあっては、当該生産緑地の
　　主たる従事者が農林漁業の業務に1年間従事した日数の1割以上従事
　　した者（貸付者等）

　③については、2019（令和元）年9月1日に都市農地貸借円滑化法が施行されたことを受けて創設されたもので、これにより、貸借したときも、その貸付人（所有者）が主たる従事者になり得ることになりました。

　なお、「主たる従事者」の認定に当たっては、「生産緑地を管轄する農業委員会の証明書を添付させるとともに、その者が従事できなくなったため、当該生産緑地における農林漁業経営が客観的に不可能となるかどうかを適正に判断することが望ましい」と定められています（平12・12・28都計発92　Ⅳ－2－1　Ⅱ）　D　20　6(1)①）。

4　農林漁業に従事することを不可能にさせる故障

　農林漁業に従事することを不可能にさせる故障とは、次に掲げる障害等であって、市町村長が認定したものとされています（生産緑地則5）。

① 　両眼の失明

② 　精神の著しい障害

③ 　神経系統の機能の著しい障害

④ 　胸腹部臓器の機能の著しい障害

⑤ 　上肢若しくは下肢の全部若しくは一部の喪失又はその機能の著しい障害

⑥ 　両手の手指若しくは両足の足指の全部若しくは一部の喪失又はその機能の著しい障害

⑦ 　①から⑥までに掲げる障害に準じる障害

⑧ 　1年以上の期間を要する入院その他の事由により農林漁業に従事することができなくなる故障

　⑧の「その他の事由」については、「主たる従事者が養護老人ホームや特別養護老人ホームに入所する場合や著しい高齢となり運動能力が

著しく低下した場合等も含まれ、その認定に当たっては、医師の診断書、院長の証明書等により農林漁業の継続が事実上不可能であるかどうかを適正に判断することが望ましい」とされています（平12・12・28都計発92　Ⅳ－2－1　Ⅱ）　Ｄ　20　6(1)②）。

5　主たる従事者の死亡又は故障等を事由に生産緑地の買取申出をする際の手続

市町村長に買取申出をする前に、まずはその者がその生産緑地の主たる従事者であったことの証明を得る申請を農業委員会に行います（生産緑地則別記様式2・6）（①指定告示より30年を経過したことによるもの、及び②第一種生産緑地の場合は除きます。）。

農業委員会より、主たる従事者証明の交付を受けた後に、市町村長に当該生産緑地の買取申出をします。

なお、買取申出については、所有者のみが行えることとなっており（生産緑地10）、主たる従事者の死亡による買取申出を行うときは、遺産分割協議書等により、当該生産緑地の相続人が確定していることが必要です。

買取申出を受けた市町村は、1か月以内に当該生産緑地を時価で買い取る旨又は買い取らない旨を所有者に通知します（生産緑地12①）。

市町村長は、生産緑地を買い取らない旨の通知をしたときは、当該生産緑地で農林漁業に従事することを希望する者等に当該生産緑地のあっせんを行います（生産緑地13）。

買取申出をした日から起算して3か月以内にこれらの手続により所有権の移転が行われなかったときは、行為制限が解除されることになります（生産緑地14）。

現実的には、財政上等の理由から、市町村等により生産緑地が買い

取られることはまれであると考えられます。

　行為制限が解除され、以後、所有者がその農地を転用しようとするときは、事前に農業委員会に農地法に規定する転用届出をし、受理書の交付を受けることが必要です（Q32参照）。

　なお、生産緑地の行為制限の解除により、固定資産税等における課税評価が変更されることになります。

6　生産緑地の買取希望

　生産緑地法15条には、買取申出ができる事由に該当しないときも、市町村長は所有者から生産緑地の買取希望の申出を受けることができると規定されています。

　ただし、この買取希望については、市町村長がその生産緑地を買い取らなければ、行為制限の解除がされず、そのまま生産緑地として継続されることから、現実的には、申出をする者は、ほぼいないと想定されます。

＜生産緑地買取申出の手続＞

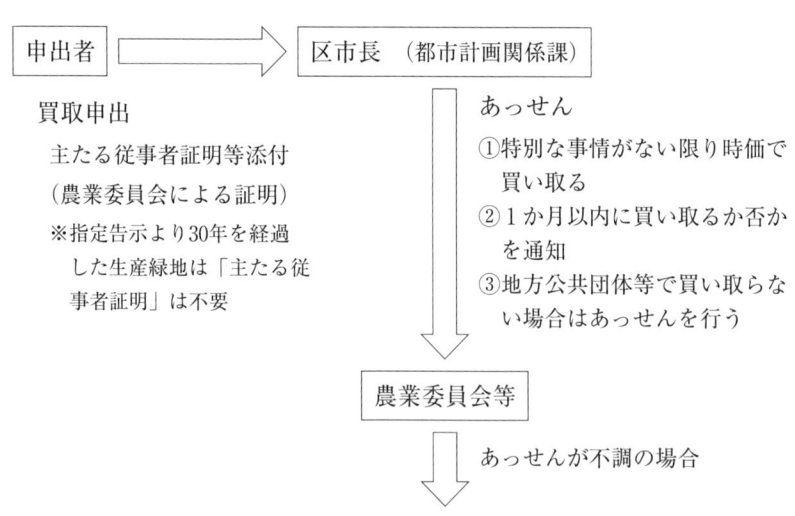

買取申出
　主たる従事者証明等添付
　（農業委員会による証明）
　※指定告示より30年を経過
　　した生産緑地は「主たる従
　　事者証明」は不要

申出者 ⇒ 区市長　（都市計画関係課）

あっせん
①特別な事情がない限り時価で買い取る
②1か月以内に買い取るか否かを通知
③地方公共団体等で買い取らない場合はあっせんを行う

農業委員会等

あっせんが不調の場合

買取申出を行ってから3か月を経過すると行為制限の解除

【参考書式】
○生産緑地に係る農業の主たる従事者についての証明申請書

生産緑地に係る農業の主たる従事者についての証明申請書

申請日　〇〇〇〇年〇〇月〇〇日
申請者　氏名 〇〇〇〇　　　　印
住所 〇〇県〇〇市〇〇町〇-〇

〇〇市 農業委員会長　殿

　生産緑地法第10条の規定に基づき買取り申出する下記の生産緑地について、下記の期日において、下記の者が、生産緑地法第10条の規定に基づく「農業の主たる従事者（生産緑地法施行規則第2条の規定に基づく「一定割合以上従事している者」に該当する者含む）」であることを証明願います。

記

1.「農業の主たる従事者」であったことの証明を受けたい期日
　〇〇〇〇年〇〇月〇〇日

2. 買取り申出をする生産緑地

所　　　　　在	面　　積
〇〇県〇〇市〇〇町〇〇番地	〇〇〇〇 m²

※ 複数の生産緑地について買取り申出をする場合はその全筆を記入する。

3. 買取り申出の事由が生じた者

氏　　　名	住　　　　　所	申請者との関係
〇〇〇〇	〇〇県〇〇市〇〇町〇-〇	父

- -

生産緑地に係る農業の主たる従事者についての証明書

　上記の期日において、上記の者が、生産緑地法第10条に基づき買取り申出のあった当該生産緑地にかかる「農業の主たる従事者（生産緑地法施行規則第3条の規定に基づく「一定割合以上従事している者」に該当する者を含む）」であることを証明する。

〇〇〇〇年〇〇月〇〇日

〇〇市 農業委員会長　〇〇〇〇　　　印

○生産緑地買取申出書

別記様式第二（第五条関係）

生　産　緑　地　買　取　申　出　書

〇〇〇〇年〇〇月〇〇日

〇〇市長　殿

申出をする者	住　所	〇〇県〇〇市〇〇町〇－〇
	氏　名	〇〇〇〇

生産緑地法第10条の規定に基づき、下記により、生産緑地の買取りを申し出ます。

記

1　買取り申出の理由
2　生産緑地に関する事項

所在及び地番	地　目	地　積	当該生産緑地に存する所有権以外の権利		
			種　類	内　容	当該権利を有する者の氏名及び住所
〇〇市〇〇町〇〇番地	畑	〇〇〇〇m²	－	－	

3　参考事項

(1)　当該生産緑地に存する建築物その他の工作物に関する事項

所在及び地番	用途	構造の概要	延べ面積	当該工作物の所有者の氏名及び住所	当該工作物に存する所有権以外の権利		
					種類	内容	当該権利を有する者の氏名及び住所
－	－	－	－ m²				

(2)　買取り希望価額　　〇〇〇〇万円
(3)　その他参考となるべき事項　特になし

（生産緑地則別記様式第2）

2　生産緑地の税制の概要

　生産緑地の税制上のメリットとは

　　生産緑地指定を受けた農地は、農地評価・農地課税を前提とした低額な固定資産税となり負担を軽減できるメリットがあります。

　三大都市圏の特定市（1991（平成3）年1月1日現在）の市街化区域においては生産緑地の指定を受けていない農地等では、贈与税納税猶予制度や相続税納税猶予制度の適用を受けることができません。

　生産緑地指定を受けることで同制度の適用を受けることが可能となるという点もメリットといえます。

┌─────────┐
│　解　　説　│
└─────────┘

1　固定資産税の概要

　固定資産税は、1月1日現在の固定資産所有者が納税義務者となり、所有固定資産の所在する市町村（東京23区においては東京都）から課税される税金であり、固定資産の評価額に税率1.4％を乗じて計算されます（地税342・350）。

　また、固定資産税と同様の仕組みで固定資産の評価額に対し市町村が条例に定める税率を乗じて都市計画税が課税されます（地税702）。都市計画税の税率は、0.3％を上限として市町村が条例で定めること

となっているため市町村ごとに相違が生じ得ますが、上限の0.3％に
設定されているのが実情です（地税702の4）。

2　農地の固定資産評価及び課税

　農地の固定資産税は、市街化区域農地かそれ以外の一般農地かによ
って評価及び課税の取扱いが異なっています（固定資産評価基準1章2節・
2節の2）。

　市街化調整区域農地を含む一般農地は、農地の売買実例価格を基に
評価（農地評価）され、一般農地の負担調整措置を講じた上で課税さ
れます（農地課税）。

　市街化区域農地は、道路状況等から当該農地を宅地として利用する
場合の利便性が類似する他の宅地の価額を基準とした価額から、農地
を宅地に転用する場合に必要と認められる造成費相当額を控除して評
価されます（宅地並評価）。

　その上で、三大都市圏の特定市の市街化区域農地（特定市街化区域
農地）は、宅地の負担調整措置が適用されます（宅地並課税）。それ以
外の一般市街化区域農地は、一般農地の負担調整措置が適用されるた
め、宅地並評価を前提とするが農地に準じた課税となります。

　もっとも、市街化区域農地であっても、生産緑地地区の農地は、生
産緑地法により転用制限がされているため評価及び課税は一般農地と
同様の取扱いとなっています（農地評価・農地課税）。

　評価や課税、そして税額の例を整理したものが後記の表農地分類と
固定資産税です。

　固定資産税は、資産を活用したか否かにかかわらず課税対象固定資
産を保有しているだけで課税される地方税ですが、生産緑地の指定を

受けることによって固定資産税を抑制できるメリットがあります。

　そのため、農地として保全したい気持ちがあるのであれば生産緑地指定を受けておくことが重要です。

＜農地分類と固定資産税＞

農地分類	評　価	課　税	税額例	税額イメージ
市街化区域農地	特定市街化区域農地	宅地並評価	宅地並課税	数十万円／a
	一般市街化区域農地	宅地並評価	準農地課税	数万円／a
	生産緑地指定農地	農地評価	農地課税	数千円／a
その他の一般農地		農地評価	農地課税	数千円／a

3　贈与税

　農地の全部を後継者に一括して生前に贈与した場合、贈与税の納税を猶予する贈与税納税猶予制度があります。

　この贈与税納税猶予制度は、対象農地を一括贈与する場合に限定することで農地の細分化を防止するとともに後継者への円滑な農業経営の承継を支援する制度です。すなわち、農業経営を承継することを前提とした制度です。

　このような制度の背景から、宅地化を前提とした生産緑地以外の1991（平成3）年1月1日現在の三大都市圏の特定市における市街化区域農地は、贈与税納税猶予制度の対象から除外されています（租特70の4①）。

　生産緑地指定を受けた農地は、後継者に生前一括贈与することで贈

与税納税猶予制度の適用を受けることができます。そのため、生産緑地は、生前に後継者へ農地と共に農業経営を承継させるために生前一括贈与をしても贈与税負担が生じないメリットがあるといえます。

4　相続税

　1991（平成3）年1月1日現在の三大都市圏の特定市における市街化区域農地のうち、都市営農農地に該当しない農地は、相続税納税猶予制度の適用を受けることができません（租特70の6①）。

　生産緑地は、都市営農農地に該当するため、生産緑地指定を受けることによって市街化区域農地であっても相続税納税猶予制度の適用を受けることが可能になります（租特70の4②四イ）。相続税納税猶予制度の適用を受けずに農地を相続した場合、農地に係る相続税の負担から農地の一部を売却する等して納税資金を用意しなければならず農業経営を従前の規模よりも縮小しなければ承継できないという事態も想定されます。

　生産緑地指定を受けることで、相続税納税猶予制度の適用を受けることが可能となるため、当該農地を相続した場合に、農業経営の規模を縮小せず承継できる選択肢を保持できることは生産緑地の税制上のメリットといえます。

5　後継者の選択肢を残せるメリット

　生産緑地指定を受けた農地の所有者は、当該農地の主たる農業従事者が死亡等した場合、生産緑地の買取申出をすることができます（生産緑地10②）。

　そして、この買取申出に対して市町村が買い取らない旨の通知をし

たときは生産緑地における行為制限が解除されます（生産緑地14）。

　そのため、主たる農業従事者だった農地所有者から当該生産緑地を相続した相続人は、相続税納税猶予制度の適用を受けて農業経営を承継することも、生産緑地の買取申出をして行為制限を解除した上で転用して農業以外の用途に当該生産緑地を活用することも可能になります。

　生産緑地指定を受けていなければ、相続税納税猶予制度の適用を受けることができません（租特70の6①）。生産緑地指定を受けておくことで当該生産緑地を相続した相続人に、農業経営を承継することも、当該生産緑地を他の用途に活用することも可能にし、相続人・後継者に複数の選択肢を残すことを可能にするというのも生産緑地のメリットといえます。

相続税納税猶予制度を受けたときと受けないときの相続税額は

A 　相続税納税猶予制度を受けた場合、納税猶予の対象となる特例農地を農業投資価格で評価した相続財産に基づいた相続税額（以下「農業投資価格による相続税額」といいます。）を納税します。

　相続税納税猶予制度を受けず通常どおりに算出した相続税額と農業投資価格による相続税額との差額が相続税納税猶予額となります。

解　説

1　相続税納税猶予制度の仕組み

　相続税納税猶予制度は、「一定の要件」の下にその取得した農地等の価額のうち農業投資価格による価額を超える部分に対応する相続税額につき、その取得した農地等について相続人が農業経営の継続等を行っている限り、その納税を猶予する制度です（租特70の6）。

　すなわち、路線価等を基礎として計算して算出した農地評価額と農業投資価格による評価額との差額に対応した相続税額の分だけ相続税の納税が猶予されることになります（相続税納税猶予制度の対象となる特例農地要件、相続人要件、被相続人要件等については、Q12を参照。）。

2　市街地農地の評価

　路線価の設定された市街地農地は、その農地が宅地であるとした場

合の1m²当たりの価額からその農地を宅地に転用する場合において通常必要と認められる1m²当たりの宅地造成費を控除した金額に、その農地の地積を乗じて計算した金額によって評価します（財産評価基本通達40）。

　その農地が宅地であるとした場合の価額は、路線価に対し、奥行価格補正、側方路線影響加算、二方路線影響加算、間口狭小補正、奥行長大補正、無道路地補正、通路開設補正、通路拡幅補正、不整形地補正といった画地補正率による調整を行った上で算出します。

　宅地造成費についての詳細は、下記＜宅地造成費用（東京都・令和元年分）＞のとおりです。

　なお、市街地周辺農地の評価は、その農地が市街地農地であるとした場合の評価額の80％に相当する金額で評価します（財産評価基本通達39）。

＜宅地造成費用（東京都・令和元年分）＞

平坦地の宅地造成費

工事費目		造成区分	金　　額
整地費	整地費	整地を必要とする面積1m²当たり	700円
	伐採・抜根費	伐採・抜根を必要とする面積1m²当たり	1,000円
	地盤改良費	地盤改良を必要とする面積1m²当たり	1,800円
土盛費		他から土砂を搬入して土盛りを必要とする場合の土盛り体積1m³当たり	6,500円
土止費		土止めを必要とする場合の擁壁の面積1m²当たり	68,600円

傾斜地の宅地造成費

傾斜度	金　額
3度超5度以下	17,900円／m²
5度超10度以下	22,100円／m²
10度超15度以下	33,900円／m²
15度超20度以下	48,200円／m²

3　農業投資価格による評価

　相続税の納税猶予税額算定の基礎となる農業投資価格は、平成30年分を例にすると下記＜三大都市圏における農業投資価格（10ａ当たり）の金額（令和元年分）＞のとおりとなっています。

　平成30年の東京都における農業投資価格は、田は10ａ当たり90万円、畑は10ａ当たり84万円となっています。農業投資価格を1m²当たりの価額にすると、田は9,000円、畑は8,400円という極めて低額な設定になっており、農業投資価格による相続税額によると相続税納税猶予制度の対象となる特例農地に係る相続税額のほとんど全ての納税を猶予することができることになります。

＜三大都市圏における農業投資価格（10ａ当たり）の金額（令和元年分）＞

	田	畑	採草放牧地
東京都	900千円	840千円	510千円
神奈川県	830千円	800千円	510千円
埼玉県	840千円	790千円	－
千葉県	740千円	730千円	490千円

愛知県	850千円	640千円	－
岐阜県	720千円	520千円	－
三重県	720千円	520千円	－
大阪府	820千円	570千円	－
京都府	700千円	450千円	－
兵庫県	770千円	500千円	－
滋賀県	730千円	470千円	－
奈良県	720千円	460千円	－
和歌山県	680千円	500千円	－

4　平成30年度税制改正による免除事由の見直し

　平成30年度税制改正以前の相続税納税猶予制度では、三大都市圏の特定市以外の一般市街化区域内農地については、20年間の営農継続要件を満たすことで相続税納税猶予税額の免除を受けることができました。

　この20年間営農を継続することによる猶予相続税額の免除は、平成30年度税制改正で廃止されました。平成30年9月1日以後に相続により取得する特例農地に係る相続税額は、一般市街化区域内農地に係る相続税額であっても20年間営農を継続したとしても免除されないことになります。

　なお、平成30年9月1日よりも以前に相続により取得した特例農地について認定都市農地貸付を実施した場合、平成30年9月1日以後に相続により取得する特例農地に係る相続税額と同様に20年間営農を継続したとしても相続税納税猶予税額の免除を受けることができなくなります。

5　納税猶予期限の確定

　相続税納税猶予制度の適用を受ける特例農地について、譲渡等があった場合、農業経営を廃止した場合、申告後3年ごとの継続届出の提出を失念した場合等においては、納税猶予税額の全部又は一部について納税猶予期限が確定することになります。

　これに加えて、平成30年4月1日以後に相続により取得する特例農地に係る猶予相続税額については、特定生産緑地指定の解除があった場合、生産緑地につき都市計画の変更等により特定市街化区域農地に該当することになった場合についても納税猶予期限が確定することになります。

　納税猶予期限が確定すると、それまで納税を猶予されていた相続税額を納付しなければなりません。また、納税猶予期限の確定によってこれまで納税を猶予されていた相続税額のみならず、相続税の申告期限の翌日から納税猶予期限までの期間に応じた利子税も納付しなければなりません。

　相続税の申告は、相続開始を知った日の翌日から10か月以内となっていることから、相続開始から長期間が経過している場合には利子税額が多額になることがあるため注意が必要です。

6　担保提供

　相続税納税猶予制度は、相続税の納税を猶予するにすぎません。納税猶予期限が確定した場合には、確定部分に係る納税猶予税額及び利子税額を納税する必要があります。

　相続税納税猶予の適用を受ける場合には、納税猶予期限が確定した場合の納税を担保するため、納税猶予税額及び利子税額に見合う担保を提供することが必要になります。相続税納税猶予制度の適用を受けるために、特例農地を担保提供しているケースが多く見受けられます。

生産緑地で贈与税納税猶予制度の適用を受ける
ためには

生産緑地の贈与を受けた者が贈与税納税猶予制度の
適用を受けるためには、①贈与の仕方、②贈与者、③
受贈者それぞれの要件を満たす必要があります。

　また、贈与者が死亡したときは相続税の課税対象となるなどの
留意点があります。

> 解　説

1　適用要件（生産緑地）

　適用要件は以下のとおりです（租特70の4、租特令40の6）。

① 　贈与の仕方

　㋐ 　贈与者が所有等する農地の全部を推定相続人一人に一括贈与す
　　る（ただし、採草放牧地は3分の2以上を一括贈与）。

　　※対象から除かれる農地

　　　三大都市圏の特定市（1991（平成3）年1月1日現在）の生産緑地以外
　　の市街化区域の農地

　㋑ 　生産緑地を贈与するためには、農地法3条の許可を得ることが
　　必要。

　　　つまり、受贈者は農地法3条の許可要件を満たす必要がありま
　　す（Q33参照）。

② 　贈与者

　　原則、農地を贈与をする日まで引き続き3年以上農業を営んでい
　　る個人

③ 　受贈者

⑦　贈与者の推定相続人であること

④　農地の贈与を受ける日の年齢が満18才以上であること

⑨　贈与を受ける日まで引き続き3年以上農業従事経験があること

①　農地法3条の許可を受けることができる者（世帯員等）であること（Q33参照）

⑦　農業委員会より適格者証明を受けた者であること

⑦　農業委員会より適格者証明を受ける前に、①認定農業者、②認定就農者、若しくは③基本構想水準到達者であること

④　贈与を受けた日以後、速やかに農業経営を行うこと

2　手　続

　手続は、その内容によって手続先が異なりますので注意が必要です。

①　農地法3条許可　　市町村農業委員会

②　贈与税納税猶予制度の適格者証明　　市町村農業委員会

③　贈与税申告期限内に適格者証明等を添付して申告書を提出する（担保提供必要）　　所轄税務署

3　贈与税納税猶予制度が打ち切り（期限の確定）となる主な事由（生産緑地）

　贈与税納税猶予制度が打ち切り（期限の確定）となる事由の主なものは以下のとおりです。

①　耕作放棄や農業経営を廃止したとき

②　継続届出書の提出がなかったとき

③　収用事業・農地法3条の許可を得る等により贈与税納税猶予制度適用農地（以下「特例農地」といいます。）を譲渡をしたとき

④　受贈者が贈与者の推定相続人に該当しないことになったとき

⑤　生産緑地の買取申出があったとき

　（対象＝1991（平成3）年1月1日時点の三大都市圏の特定市の市街
化区域の農地（都市営農農地）・第一種生産緑地）
⑥　担保価値が減少したことなどにより、増担保又は担保の変更を求め
られたときに、その求めに応じなかったとき

4　制度上の留意事項（生産緑地）

　贈与税納税猶予税額は、受贈者又は贈与者のいずれかが死亡した場
合に、その納税が免除されます（租特70の4㉞）。ただし、贈与者の死亡
による免除の場合、特例農地は、贈与者から相続によって取得したも
のとみなされ、相続税の課税対象となります。

　このため、多くの受贈者が、あらためて相続税納税猶予制度の適用
を受けるケースが多くあります。

　贈与税納税猶予制度は、
①　推定相続人の一人に一括贈与することから、相続税評価が高い生
産緑地は、贈与者が死亡した場合に法定相続人に対する遺留分等を
考慮しなくてはならない
②　贈与税は相続税より基礎控除額が低い
③　受贈者は農地法3条の許可要件を満たすことが必要であり（下限
面積要件など）、㋐認定農業者、㋑認定就農者、若しくは㋒基本構想
水準到達者であることが必要
④　贈与者が死亡したときは、受贈者はあらためて相続税納税猶予制
度の適用を受けることになる可能性が高い
などの事由から、生産緑地で贈与税納税猶予制度を活用する者は多く
ないことが想定されます。

3　生産緑地における相続税納税猶予制度の適用

<table>
<tr><td>Q12</td><td>市街化区域で相続税納税猶予制度の適用を受けるためには</td></tr>
</table>

<table>
<tr><td>A</td><td>相続する市街化区域の農地について、相続税納税猶予制度の適用を受けるためには、①農地、②被相続人、③相続人のそれぞれが要件を満たすことが必要となります。</td></tr>
</table>

解　　説

1　適用の主な要件（市街化区域）

　相続税納税猶予制度の適用を受けられる主な要件は以下のとおりです（租特70の6・70の6の2・70の6の3、租特令40の7・40の7の2）。

（1）　農　地

①　相続税の申告期限（相続開始より10か月以内）までに遺産分割がされている農地法上の農地で、1991（平成3）年1月1日時点の三大都市圏の特定市の市街化区域にあっては生産緑地（第一種生産緑地を含みます。）であること。

　なお、農地法上の農地についてはQ30の農地とみなす農業用施設・農作物栽培高度化施設（Q31参照）を含みます。

②　被相続人が耕作していた①に該当する農地（ただし、都市農地貸借円滑化法等で貸し付けている生産緑地（以下「認定都市農地貸付け」といいます。）・特定農地貸付法等により生産緑地で開設してい

る市民農園（以下「農園用地貸付け」といいます。）は例外として適用可）

③　生前一括贈与により贈与税納税猶予制度の適用を受けている農地

（2）　被相続人

①　死亡の日まで対象農地（上記(1)②の例外を除きます。）で農業を営んでいた者

②　農地の生前一括贈与をした者等

（3）　相続人

①　相続税の申告期限までに、相続した農地において農業経営を開始し（上記(1)②の例外を除きます。そのときは貸し付けている旨の証明を受けます。）、その後も引き続き農業経営を行うと認められる者であること（農業委員会より「相続税の納税猶予に関する適格者証明書」（以下「適格者証明書」といいます。）の交付を受けます。）

②　相続税の申告期限までに認定都市農地貸付け・農園用地貸付けを行った者

2　手続（市街化区域）

相続税納税猶予制度の適用を受けるための手続は、次のとおりです（租特70の6・70の6の2・70の6の3、租特令40の7・40の7の2、租特則23の7）。

①　対象農地のある農業委員会より適格者証明書の交付を受ける。

②　相続税申告書に納税猶予特例の適用を受ける旨の所定の事項を記載し、適格者証明書や担保関係書類等を添付して、相続税の申告期限内に被相続人の最後の住所地を管轄する税務署に提出する。

【参考書式】
○相続税の納税猶予に関する適格者証明書

様式18号（第2の1の(20)関係）

相続税の納税猶予に関する適格者証明書

証　明　願

○○○○年○○月○○日

　○○市農業委員会長　殿

農地等の相続人氏名　　○○○○　　印

　下記の事実に基づき、被相続人及び私が租税特別措置法第70条の6第1項の規定の適用を受けるための適格者であることを証明願います。

1. 被相続人に関する事項

住所	○○県○○市○○町○-○		氏名	○○○○	職業	農業
相続開始年月日	○○○○年○○月○○日		農地等の生前一括贈与を受けていた場合には、その年月日		（年号）　年　月　日	
被相続人の所有面積	耕作農地	○○○○ ㎡	被相続人が農業経営主でない場合	農業経営者の氏名		
	採草放牧地	0		農業経営者と被相続人との同居・別居の別	同居・別居	
	合計	○○○○				
特定貸付け、営農困難時貸付け又は認定都市農地貸付け等を行っていた者である場合	分類	特定貸付け　・　営農困難時貸付け　・　認定都市農地貸付け　・　農園用地貸付け				
	貸付年月日	① 認定都市農地貸付け　○○○○年○○月○○日 ② 農園用地貸付け　　　○○○○年○○月○○日				
	貸付先の農業経営者又は市民農園開設者の氏名又は名称	① ○○○○ ② ○○市長　○○○○				
	その他参考事項					

2. 農地等の相続人に関する事項
(1) 農地等の相続人

住所	○○県○○市○○町○-○		氏名	○○○○	職業	会社員
生年月日	○○○○年○○月○○日	被相続人との続柄　子	相続開始の時における被相続人との同居・別居の別　同居・別居	相続開始前において農業に従事した実績の有無	有・無	
特例の適用を受けようとする農地等の明細	別表のとおり	左記の農地等による農業経営の開始年月日等	（年号）　年　月　日 認定都市農地貸付け等 （全部）			
今後引き続き農業経営を行うことに関する事項（特定貸付け、営農困難時貸付け又は認定都市農地貸付け等に関する事項）	①認定都市農地貸付けを継続　○○○○年○○月○○日に貸付け ②農園用地貸付けを継続　　○○○○年○○月○○日に貸付け					
身体若しくは精神の障害又は老人ホーム等への入所の有無					有・無	
その他参考事項						

（2）農地等の相続人の推定相続人（生前一括贈与を受けていた農地等について使用貸借
　　　による権利が設定されている場合）

住所			氏名		職業	
生年月日	（年号）　　年　　月　　日		相続人との続柄		使用貸借による権利の設定の年月日	（年号）　　年　　月　　日
使用貸借に係る農地等の明細	別表のとおり			左記の農地等による農業経営開始年月日		（年号）　　年　　月　　日
今後引き続き推定相続人が農業経営を行うことに関する事項						
相続人が推定相続人の経営する農業に従事していることに関する事項						

　上記の証明願のとおり、被相続人及び農地等の相続人は、租税特別措置法第70条の6第1項に規定する適格者であることを証明する。
　　　　○○○○年○○月○○日
　　　　　　　　　　　　　　　　　　○○市農業委員会長　　　　○○○○　　　㊞

別表1　　特例適用農地等の明細書

相続税の納税猶予の特例の適用を受ける者	住　　所	○○県○○市○○町○-○	※　3年毎の継続届出書の整理欄			
			1回目・・・	2回目・・・	3回目・・・	4回目・・・
	氏　　名	○○○○	5回目・・・	6回目・・・	7回目・・・	8回目・・・
相続開始年月日		○○○○年○○月○○日				
農地等の生前一括贈与を受けていた場合は、その年月日		（年号）　　年　月　日				

					特例適用農地等の明細					
番号	田畑、採草放牧地又は準農地の別	登記簿上の地目	所在場所	市街化区域内外の別	特定貸付農地等	営農困難時貸付農地等	認定都市農地貸付農地	農園用地貸付農地	面積（㎡）	※譲等、耕作の放棄又は買取りの申出等についての整理欄
1	畑	畑	○○市○○町○○番	内・外			○		○○○	
2	畑	畑	○○市○○町○○番	内・外				○	○○○	

| 19 | | | | 内・外 | | | | | | |
| 合　　計 | | | | | | | | | 9,900 | |

別表2　障害等の状況についての申告書

番号	項　目	添付資料
1	精神障害者保健福祉手帳（1級）の交付を受けていること	
2	身体障害者手帳（1級又は2級）の交付を受けていること　手帳に記載された障害名（　　　　　　　　　　　　　）	
3	要介護認定（要介護状態区分5のもの）を受けていること	
4	1から3以外の身体若しくは精神の障害の状況	
(1)	両眼の視力が0.1以下になっている	
(2)	周辺視野角度（I／4視標による。）の総和が左右眼それぞれ80度以下かつ両眼中心視野角度（I／2視標による。）が56度以下になっている、又は両眼開放視認点数が70点以下かつ両眼中心視野視認点数が40点以下になっている	
(3)	両耳の聴力レベルが90デシベル以上になっている	
(4)	平衡機能に著しい障害がある	
(5)	咀嚼又は言語の機能を廃している	
(6)	咀嚼及び言語の機能に著しい障害がある	
(7)	精神に著しい障害がある	
(8)	神経系統の機能に著しい障害がある	
(9)	胸腹部臓器の機能に著しい障害がある	
(10)	上肢又は下肢の全部又は一部を喪失している	
(11)	一上肢又は一下肢の機能を全廃している	
(12)	一上肢の三大関節のうち、二関節の機能を廃している	
(13)	両手の手指又は両足の足指の全部又は一部を喪失している	
(14)	両手の母指、示指又は中指の機能を廃している	
(15)	一手の母指及び示指の機能を廃している	
(16)	母指又は示指を含めて一手の三指の機能を廃している	
(17)	一下肢の三大関節のうち、二関節の機能を廃している	
(18)	両足の足指の全部の機能を廃している	
(19)	長管状骨に偽関節を残し、運動機能に著しい障害を残している	
(20)	体幹の機能に座っていること、立ち上がること又は歩くことができない程度の障害を有している	
(21)	脊柱の機能に著しい障害を残している	
(22)	(1)〜(21)の他、身体の機能の障害若しくは病状又は精神の障害が重複している	
(23)	満75歳以上であり、身体の機能が低下しており、農業に従事することが困難である	
5	福祉施設への入所の状況	
(1)	生活保護法に規定する救護施設へ入所している	
(2)	老人福祉法に規定する認知症対応型老人共同生活援助事業を行う住居、養護老人ホーム、特別養護老人ホーム、軽費老人ホーム又は有料老人ホームへ入居又は入所している	
(3)	介護老人保健施設又は介護療養型医療施設へ入所している	
(4)	障害福祉サービス事業を行う施設又は障害者支援施設へ入所している	

（昭51・7・7　51構改B1254　様式18号）

相続税納税猶予制度の適用を受けた農地の適用期限は

 相続税納税猶予制度の適用期限は、終生適用と20年適用（免除）とがあり、農地の種別等により期限が異なります。

解　説

1　終生適用

制度の適用期限が終生適用となる農地は、次のような場合となります（租特70の6①・70の4②）。

(1)　市街化区域

①　三大都市圏の特定市（1991（平成3）年1月1日現在）の市街化区域の生産緑地（都市営農農地）

②　2018（平成30）年9月1日以降の相続により相続税納税猶予制度の適用を受けた①以外の生産緑地

(2)　市街化区域以外

2009（平成21）年12月15日以降の相続により相続税納税猶予制度の適用を受けた農地

2　20年適用（免除）

制度の適用期限が20年適用（免除）となる農地は、次のような場合となります（租特70の6⑥・70の4②）。

(1)　市街化区域

①　2018（平成30）年8月31日以前の相続により相続税納税猶予制度の
　適用を受けた都市営農農地（上記1(1)①）以外の生産緑地
　　ただし、都市農地貸借円滑化法等により生産緑地を貸し付けたと
　きは適用を受ける生産緑地全てが終生適用となります。

②　1991（平成3）年1月1日現在で三大都市圏の特定市以外の市町村の
　市街化区域で生産緑地の指定を受けていない農地

(2)　市街化区域以外

2009（平成21）年12月14日以前の相続により相続税納税猶予制度の
適用を受けた農地

　ただし、①都市営農農地と同時適用した場合、また、②農業経営基
盤強化促進法・農地中間管理事業の推進に関する法律による特定貸付
けを行ったときは適用農地全てが終生適用となります。

＜農地の種別と相続税納税猶予制度＞

市街化区域以外	1991（平成3）年1月1日現在の三大都市圏の特定市の市街化区域	市街化区域（左記以外)
農用地区域 農業振興地域	相続税納税猶予制度適用農地 生　産　緑　地	
①　終生適用 　2009（平成21）年12月15日以降の相続 ②　20年適用（免除） 　2009（平成21）年12月14日以前の相続 　ただし、①都市営農農地と同時適用した場合、また、②農業経営基盤強化促進法・農地中間管理事業の推進に関する法律による特定貸付けを行ったときは適用農地全てが終生適用となる。	終生適用	①　終生適用 　2018（平成30）年9月1日以降に相続した生産緑地 ②　20年適用（免除） 　生産緑地以外の農地及び2018（平成30）年8月31日以前に相続した生産緑地 　ただし、都市農地貸借円滑化法等により生産緑地を貸し付けたときは適用を受ける生産緑地全てが終生適用となる。

市街化区域で相続税納税猶予制度を継続するための留意点と期限の確定事由とは

 相続税納税猶予制度の適用を受けた農地（以下「特例農地」といいます。）は、制度の適用継続が不可となる期限の確定（制度が打ち切りとなること）事由があります。

特例農地を継続していくためには確定事由に該当しないことが必要です。

解　説

特例農地が確定事由に該当すると、制度の適用を受けている者は原則2か月以内に管轄の税務署に本税に利子税を付して納付しなくてはなりません。期限の確定には、一部確定と全部確定があり、一部確定はその該当面積部分、全部確定については特例農地全てが期限の確定となります。

特例農地（市街化区域）における主な確定事由は下記のとおりです（租特70の6）。

①　特例農地での農業を廃止したとき（全部確定）

②　特例農地を譲渡したとき（一部確定。ただし、その部分が特例農地全体の20％を超えたときは全部確定）

　譲渡するときは農地法3条の許可が必要となるため、その時点で期限の確定となります。ただし、㋐買換えの特例、㋑付け替えの特

例を受けたときは、その限りではありません。

　⑦　買換えの特例

　特例農地の譲渡の日から1年を経過する日までに（取得対価が譲渡対価を超える）代替農地を取得し、担保設定（付け替え）を行う。

　④　付け替えの特例（収用事業等・三大都市圏の特定市の市街化区域限定）

　都市営農農地等の収用から1年以内に、相続時に相続税納税猶予制度の適用を受けなかった（取得対価を超える）生産緑地等に担保設定（付け替え）を行う。

③　特例農地を都市農地貸借円滑化法による以外で貸し付けたとき（一部確定。ただし、その部分が特例農地全体の20％を超えたときは全部確定）

④　継続届出書（3年ごと）を税務署に提出しなかったとき（全部確定）

　3年ごとに提出する継続届出書には、農業委員会による「引き続き農業経営を行っている旨の証明書」の添付が必要です。

⑤　特例農地を不耕作としたとき（一部確定。ただしその部分が特例農地全体の20％を超えたときは全部確定）

　なお、区画整理事業を除きます。

　農業委員会が実施する利用意向調査（農地32）によっても不耕作が改善がされず勧告を受けたときは、その特例農地の期限が確定する場合があります。

⑥　特例農地を転用したとき（一部確定。ただし、その部分が特例農地全体の20％を超えたときは全部確定）

　なお、農業用施設等の設置など期限の確定とならない転用行為があります（Q15参照）。

⑦　都市営農農地で生産緑地の買取申出があったとき（一部確定）

　1991（平成3）年1月1日現在の三大都市圏の特定市の市街化区域の生産緑地（第一種生産緑地を含みます。）では買取申出を行った時点で期限の確定となります。

⑧　担保の変更に応じなかったとき（全部確定）

　担保価値が減少したこと等により、増担保又は担保の変更を求められたのに、その求めに応じなかった場合が当てはまります。

Q15 相続税納税猶予制度の適用を受けている生産緑地に設置できる農業用施設等とは

　相続税納税猶予制度の適用を受けている生産緑地においては、租税特別措置法と生産緑地法により許容される農業用施設等を設置する必要があります。

　　解　　説

　相続税納税猶予の適用を受けている生産緑地において農業用施設等を設置する場合に、例えば、生産緑地は農家レストランの設置が可能ですが、相続税納税猶予制度適用農地（以下「特例農地」といいます。）では、期限の確定となる農地転用となるため、両方の要件を満たすことができないということが起こります。さらに、従業員用の宿舎等は特例農地に設置可能とされていますが、生産緑地では設置可能な施設等と規定されていないことから、そもそも建てることができません（生産緑地に設置可能な農業用施設等はＱ7を参照）。市街化区域という性格上、都市計画の用途区域等により設置できない農業用施設等もあります。

　また、生産緑地法、相続税納税猶予制度ともに規定する設置可能な施設等（農業用倉庫等）であっても、当該施設が農地としてみなされる施設（Ｑ30参照）や農作物栽培高度化施設（Ｑ31参照）に当たらないときは、生産緑地を相続したときに、その相続人は、設置面積相当部分について相続税納税猶予制度の適用を受けることができないということになります。

　なお、特例農地である生産緑地に農業用施設等を設置するときには、

①生産緑地法に基づく市町村長の許可（Q7参照）、及び②農業委員会へ転用届出等（Q32参照）が必要となることがあるので留意が必要です。

　租税特別措置法に規定する特例農地に設置できる施設は下記のとおり規定されていますが、上記のように、複数の制度が絡み煩雑であるため、特例農地に農業用施設等を設置しようとするときは、農業委員会、税務署、都市計画課等に事前相談することが肝要です。

【租税特別措置法施行令40条の7第8項（要旨)】

　農業相続人の耕作若しくは養畜の事業（農園用地貸付けを行っている場合は、①地方公共団体及び②農業協同組合、若しくは③①と②以外の者）に係る事務所、作業場、倉庫その他の施設若しくは当該事業に従事する使用人の宿舎又は市民農園施設（※）の敷地にするための転用とする。

※市民農園施設（市民農園整備令5）
　①　休憩施設である建築物
　②　農作業の講習の用に供する建築物
　③　簡易宿泊施設（専ら宿泊の用に供される施設で簡素なものをいう。）である建築物
　④　管理事務所その他の管理施設である構築物

4　都市農地貸借円滑化法

Q16　都市農地貸借円滑化法による農業者等への生産緑地の貸借とは

A　都市農地貸借円滑化法は、生産緑地のみを対象として、貸付期間を定めて農地を貸借できる制度です。農地法による賃貸借では、法定更新があり、賃貸借を解除等する場合にも都道府県知事等の許可が必要になりますが、都市農地貸借円滑化法による貸借にはこのような規定はありません。貸付期間終了後、農地は返還されます。いわば生産緑地の定期借地といえるでしょう。

解　説

1　都市農地貸借円滑化法による貸借の概要

この法律による賃貸借（有償貸借）は、農地法と異なり契約の更新（法定更新）（農地17本文）の適用はなく、契約期間が満了すると農地は貸主に返還されます（都市農地貸借8②）。

また、相続税納税猶予制度の適用を受けている生産緑地の貸借が可能で、貸借期間内に貸主（所有者）に相続が発生した場合に、その相続人は生産緑地を貸し付けたまま相続税の納税猶予制度の適用を受けることができます（租特70の6の2①）。

さらに、相続時に貸主（所有者）が主たる従事者であって、その相続人が借主より当該生産緑地の返還を受けることができれば、生産緑

地の買取申出の後、行為制限の解除も可能となります（Ｑ18参照）。

2　都市農地貸借円滑化法による貸借の手続

(1)　手続の流れ

　同法により生産緑地を貸借するときは、借受人が事業計画を作成し、市町村長から認定を受けます（都市農地貸借4①）。市町村長は事業計画の認定に当たって、農業委員会の決定を経ます（都市農地貸借4③）。

　事業計画の提出に当たっては、貸借契約書等を添付します（都市農地貸借則1②四）。

(2)　事業計画の認定基準

　市町村長及び農業委員会は事業計画の認定に当たって、その借受者の区分ごとに次の要件を満たしているか審査及び確認を行います（都市農地貸借4③）。

① 　地方公共団体及び農業協同組合等

　　都市農業の有する機能の発揮に特に資する基準に適合する方法により都市農地において耕作の事業を行うこと（都市農地貸借4③一）

② 　農作業常時従事要件を満たす農業者及び農地所有適格法人

　　上記①の要件に加え、以下の要件の全てを満たすこと

　㋐ 　地域との調和要件（都市農地貸借4③二）

　㋑ 　全部効率利用要件（都市農地貸借4③三）

③ 　その他（①と②以外）の者

　　上記①及び②の要件に加え、以下の要件の全てを満たすこと

　㋐ 　申請者が事業計画に従って耕作の事業を行っていないと認められる場合に賃貸借等の解除をする旨の条件が書面による契約において付されていること（都市農地貸借4③四）

　㋑ 　地域の農業における他の農業者との適切な役割分担の下に継続的かつ安定的に農業経営を行うと見込まれること（都市農地貸借4

③五）

⑦　上記②以外の法人の場合は、一人以上の業務執行役員若しくは
　　耕作等の事業に関する権限及び責任を有する使用人（農場長等）
　　がその法人が行う農業に常時従事（年間150日以上）すること（都
　市農地貸借4③六）

(3)　利用状況の報告

　申請者は、認定を受け生産緑地を借り受けた後は、毎年、市町村長
に当該生産緑地の利用状況を報告することが必要です（都市農地貸借5）。

(4)　都市農業の有する機能の発揮に特に資する基準

　上記(2)①の都市農業の有する機能の発揮に特に資する基準は、次
表のとおりです（都市農地貸借則3）。

	基準（次の①、②のいずれにも該当すること）	備　考
①	次の⑦から⑨までのいずれかに該当すること。	基準の運用に当たっては、農業者の意欲や自主性を尊重し、地域の実情に応じた多様な取組を行うことができるように配慮が必要。
	⑦　申請者が、申請都市農地（※）において生産された農産物又は当該農産物を原材料として製造され、若しくは加工された物品を主として当該申請都市農地が所在する市町村の区域内若しくはこれに隣接する市町村の区域内又は都市計画区域内において販売すると認められること。	「主として」とは、金額ベース又は数量ベースでおおむね5割を想定。

④　申請者が、申請都市農地において次に掲げるいずれかの取組を実施すると認められること。 　ⓐ　都市住民に農作業を体験させる取組並びに申請者と都市住民及び都市住民相互の交流を図るための取組。 　ⓑ　都市農業の振興に関し必要な調査研究又は農業者の育成及び確保に関する取組。	ⓐは、いわゆる農業体験農園、学童農園、福祉農園及び観光農園等の取組を想定。 ⓑは、都市農地を試験や研修の場に用いること等を想定（区市・ＪＡ等）。
⑨　申請者が、申請都市農地において生産された農産物又は当該農産物を原材料として製造され、若しくは加工された物品を販売すると認められ、かつ、次に掲げる要件のいずれかに該当すること。 　ⓐ　申請都市農地を災害発生時に一時的な避難場所として提供すること、申請都市農地において生産された農産物を災害発生時に優先的に提供することその他の防災協力に関するものと認められる事項を内容とする協定を地方公共団体その他の者と締結すること。 　ⓑ　申請都市農地において、耕土の流出の防止を図ること、化学的に合成された農薬の使用を減少させる栽培方法を選択することその他の国土及び環境の保全に資する取組を実施すると認められること。	ⓐは、農地所有者が防災協力農地として協定を結んでおりその農地で借り手も同様の協定を締結することを想定。 ⓑは、耕土の流出や農薬の飛散防止等を行う取組（防風・防薬ネットの設置等）、無農薬・減農薬栽培の取組等を想定。 ⓒは、自治体や普及センター等が奨励する作物や伝統的な特産物等を導入する取組、高収益高品質の栽培技術を取り入れる取組、少量多品種の栽培の取組等のほか、従来栽培されていない新たな品種や作物の導入等の地域農業が脚光を浴びる契機となり得る取組を想定（都市農業のPRに資するような幅広い取組を認めることが可能）。

	ⓒ　申請都市農地において、その地域の特性に応じた作物を導入すること、先進的な栽培方法を選択することその他の都市農業の振興を図るのにふさわしい農産物の生産を行うと認められること。	
②	申請者が、申請都市農地の周辺の生活環境と調和のとれた当該申請都市農地の利用を確保すると認められること。	農産物残さや農業資材を放置しないこと、適切に除草すること等を想定。

※「申請都市農地」とは、事業計画の認定の申請に係る都市農地をいいます。

（農林水産省ウェブサイトをもとに作成）

3　都市農地貸借円滑化法による貸借の注意点

(1)　貸付人（所有者）が借受人の農業に一定の関与をする

　生産緑地の貸借は、相続時を考慮すると、貸付人（所有者）が借受人の農業に一定の関与をすることが望ましいとされます。2018（平成30）年9月5日に生産緑地法施行規則が改正され「都市農地貸借円滑化法又は特定農地貸付法に基づいて生産緑地を第三者に貸与し、当該生産緑地に係る農林漁業の業務に年間に従事する日数の1割以上従事している所有者を主たる従事者とする」と定められました（生産緑地則3二）。

　これは、生産緑地を貸借したときも、貸付人（所有者）が主たる従事者になり得るように措置されたもので、これにより、貸付人に相続が発生した場合も、生産緑地の返還を受ければ、その相続人は市町村長に生産緑地の買取申出をすることが可能となります（生産緑地10②）。

　なお、貸付人が当該生産緑地で少なくとも農業の業務に1割従事す

る内容については、契約書若しくは申請書に記載をし、実際に従事した内容について、借受人が毎年市町村長に報告をします（都市農地貸借5、都市農地貸借則4①三）。

（2）　賃貸借と使用貸借

生産緑地の貸付人（所有者）は、相続時等を考慮し、賃貸借か使用貸借とするかを考慮することが肝要です。

生産緑地の貸借にあたり「貸付人に相続があったときは生産緑地を返還する」といった賃貸借契約はできません（農地18⑧）。一方で、使用貸借では可能です。

（3）　税務署への届出

相続税納税猶予制度適用農地を貸借したときは、税務署への届出が義務付けられています。

都市農地貸借円滑化法による生産緑地の貸借は、相続税納税猶予制度の適用が継続されます（租特70の6の4①②二）。そのため、貸借する生産緑地が相続税納税猶予制度の適用を受けているときは、市町村長より貸借していることの証明を受けて、管轄の税務署に届け出る必要があります（昭51・7・7　51構改B1254）。

【参考書式】

○事業計画の認定申請書（常時従事する農業者への貸付用（賃貸借））（抜粋）

様式例第1号の1

事業計画の認定申請書

〇〇〇〇 年〇〇 月〇〇 日

市町村長　殿

申請者住所　〇〇県〇〇市〇〇町〇－〇

氏名＜名称・代表者＞　〇〇〇〇　(印)

※ 法人の場合は事務所の住所地、法人の名称及び代表者の氏名を記載

※ 申請者の氏名（法人はその代表者の氏名）を自署する場合は、押印を省略できる

　都市農地の貸借の円滑化に関する法律（平成30年法律第68号。以下「法」という。）第4条第1項の規定に基づき、下記の事業計画（都市農地の貸借の円滑化に関する法律第4条第1項の「事業計画」をいう。以下同じ。）の認定を申請します。

記

事 業 計 画

【I　共通項目】

1　賃借権等の設定を受けようとする者の氏名及び住所(注)

氏名又は名称	住　　所
〇〇〇〇	〇〇県〇〇市〇〇町〇－〇

注：法人の場合は事務所の住所地、法人の名称及び代表者の氏名を記載

2　賃借権等の設定を受ける都市農地

所在・地番	地　目		面積(m²)	所　有　者(注1)	
	登記簿	現況		住　　所	氏名又は名称(注2)
〇〇県〇〇市〇〇町〇〇番地	畑	畑	〇〇〇〇	〇〇県〇〇市〇〇町〇－〇	〇〇〇〇

設定を受ける賃借権等			賃料(注3)	賃料の支払方法(注3)	備考(注4)
種　類	始期	存続期間			
賃借権	〇〇〇〇年〇〇月〇〇日	〇年間	年〇〇〇〇	毎年3月末日までに〇〇〇〇の農協の指定口座に振り込む。	

注1：法人の場合は事務所の住所地、法人の名称及び代表者の氏名を記載

注2：登記簿上の所有名義人と現在の所有者が異なるときは、括弧書きで登記簿上の所有者についても記載

注3：賃貸借等の契約書に当該事項が記載されている場合は「契約書のとおり」と記載すれば足りる

注4：農地法第43条第1項の規定の適用を受け賃借権等の設定を受ける農地をコンクリートその他これに類するもので覆う場合及び賃借権等の設定を受ける農地が既に同項の規定の適用を受けこれらで覆われている場合は、その旨を記載

3　都市農地における耕作の事業の内容（法第4条第3項第1号関係）

・　則※第3条第1号の事業（同号イからハの(3)までの基準のうち該当するものについて、下欄イからハの(3)までの右欄のいずれか1箇所以上に「○」を記載し、その右欄に具体的な事業内容を記載）

イ	○	生産した農作物は○○市内で50％以上販売する。
ロ の(1)		
ロ の(2)		
ハ の(1)		
ハ の(2)	○	耕土の流出を抑えるなど、周辺住宅地等に配慮した耕作を行う。
ハ の(3)		

・　則※第3条第2号の事業(注1)

（具体的な事業内容を記載）

　これまでどおり周辺住民の生活環境と調和した農業経営を行っていく。具体的には、農薬散布及び農作業等への配慮（作業時間帯等）・周辺住民への農作物の直売等を行っていく。

　また、周辺住民の生活環境と調和した耕作を継続していくため、当該生産緑地の所有者である○○○○は、下記の作業に年間40日以上従事するものとする。

（1）　周辺環境との調和を図るための農地の見回り及び周辺住民からの相談対応を行う。

（2）　周辺住民等への農作物の販売等への協力を行う。

（3）　その他、本生産緑地に付随する事項への助言・協力・指導などを行う。

（注2　上記のとおり相違ありません。　　氏名　○○○○　　　　　㊞)

※　都市農地の貸借の円滑化に関する法律施行規則（平成30年農林水産省令第54号）をいう。

注1）本申請に係る都市農地の所有者が当該都市農地に係る農林漁業の業務に従事する場合には、業務の従事の計画についても「則第3条第2号の事業」欄に記載すること。その場合、当該欄に当該所有者の押印又は自署をするか（注2）、当該従事の計画を記載した賃貸借等の契約書その他の書類を添付すること。

4　申請者が行う耕作の事業に必要な農作業への従事状況（法第4条第3項本文関係）

年間従事（予定）日数		備　　　考(注)
現　状	賃借権等の設定後	
250日	250日	

注：賃借権等の設定後の年間従事計画日数が150日未満の場合であるが、その行う耕作の事業に必要な行うべき農作業がある限りこれに従事している場合は、その旨を記載すること

【Ⅱ　選択項目】

　　Ⅱの記載項目については、次の申請者ごとに示す項目について記載すること

　　　ア　農業の経営を行うために賃借権等の設定を受ける農業協同組合及び地方公共団体

　　　　　：5－1

　　　イ　賃借権等の設定を受けた後に行う耕作の事業に必要な農作業に常時従事すると認められる個人

　　　　　：5－1、5－2及び6

　　　ウ　農地所有適格法人

　　　　　：5－1、5－2、6及び9

　　　エ　イ以外の個人

　　　　　：5－1、5－2、6及び7

　　　オ　ア及びウ以外の法人

　　　　　：5－1、5－2、6、7及び8

5－1　申請者が現に所有権並びに使用及び収益を目的とする権利を有している農地の利用状況

　　　　（法第4条第3項第3号関係）

		農地面積（m²）		田		畑	樹園地
所有地	自作地(注1)	○○○○				○○○○	
	貸付地(注1)	0					
		所在・地番	地目		面積（m²）	状況・理由	
			登記簿	現況			
	非耕作地(注2)				0		
所有地以外の土地		農地面積（m²）		田		畑	樹園地
	借入地(注1)	0					
	貸付地(注1)	0					
		所在・地番	地目		面積（m²）	状況・理由	
			登記簿	現況			
	非耕作地(注2)				0		

注1：「自作地」、「貸付地」及び「借入地」には、現に耕作又は養畜の事業に供されているものの面積を記載すること。なお、「所有地以外の土地」欄の「貸付地」は、農地法第3条第2項第6号の括弧書きに該当する土地をいう。

注2：「非耕作地」には、現に耕作又は養畜の事業に供されていないものについて、筆ごとに面積等を記載するとともに、その状況・理由として、「賃借人○○が○年間耕作を放棄している」、「～であることから条件不利地であり、○年間休耕中であるが、草刈り・耕起等の農地としての管理を行っている」等耕作又は養畜の事業に供することができない事情等を詳細に記載すること。

5－2　申請者の機械の所有の状況、農作業に従事する者の数等の状況（法第4条第3項第3号関係）

　　（1）作付（予定）作物、作物別の作付面積

	田	畑		樹園地		
作付(予定)作物		ネギ	小松菜			
権利取得後の面積(m²)		○○○○	○○○○			

(2) 大農機具(注1)

数量 ＼ 種類		2	1			
確保しているもの	所有	トラクター	耕うん機			
	リース					
導入予定のもの(注2)	所有					
	リース					
（資金繰りについて）						

注1：「大農機具」とは、トラクター、耕うん機、自走式の田植機、コンバイン等をいう。

注2：導入予定のものについては、自己資金、金融機関からの借入れ(融資を受けられることが確実なものに限る。)等資金繰りについても記載すること。

(3) 農作業に従事する者

① 権利を取得しようとする者が個人である場合には、その者の農作業経験等の状況

農作業歴 31 年、農業技術修学歴 2 年、その他（　　なし　　　　　　　　　　　　）

② 世帯員等その他常時雇用している労働力(人)	現在：　　2人	（農作業経験の状況：妻25年　息子3年　　　　　　）
	増員予定：1人	（農作業経験の状況：息子の妻（3か月程度）　　　）
③ 臨時雇用労働力(年間延人数)	現在：　　0人	（農作業経験の状況：　　　　　　　　　　　　　）
	増員予定：0人	（農作業経験の状況：　　　　　　　　　　　　　）

④ ①～③の者の住所地、拠点となる場所等から権利を設定又は移転しようとする土地までの平均距離又は時間　自宅から徒歩で10分程度

6　周辺地域との関係（法第4条第3項第2号関係）

権利を取得しようとする者の権利取得後における耕作の事業が、権利を設定しようとする農地の周辺の農地の農業上の利用に及ぼすことが見込まれる影響を以下に記載してください。

（例えば、農薬の使用方法の違いによる耕作の事業への支障等について記載してください。）

> 特になし。
> これまでどおり、地域の農業者との連携を図りながら耕作を継続する。

7　地域との役割分担の状況（法第4条第3項第5号関係）

地域の農業における他の農業者との役割分担について、具体的にどのような場面でどのような役割分担を担う計画であるかを以下に記載してください。

（例えば、農業の維持発展に関する話合い活動への参加、農道、水路、ため池等の共同利用施設の取決めの遵守、獣害被害対策への協力等について記載してください。）

（平30・8・31　30農振1660　様式例第1号の1）

○認定都市農地の利用状況の報告書（常時従事する農業者への貸付用）

様式例第2号

認定都市農地の利用状況の報告書

○○○○年○○月○○日

市町村長　殿

住所　○○県○○市○○町○ー○

氏名＜名称・代表者＞　○○○○　（印）

※　法人の場合は事務所の住所地、法人の名称及び代表者の氏名を記載

※　申請者の氏名（法人はその代表者の氏名）を自署する場合は、押印を省略できる

　平成○○年○○月○○日付けで都市農地の貸借の円滑化に関する法律（平成30年法律第68号。以下「法」という。）第4条第1項の認定を受けた都市農地（以下「認定都市農地」という。）について、法第5条の規定に基づき下記のとおり報告します。

記

【Ⅰ　共通項目】

1　法第5条の認定事業者（以下「認定事業者」という。）の氏名等(注)

氏名又は名称	住　所
○○○○	○○県○○市○○町○ー○

注：法人の場合は事務所の住所地、法人の名称及び代表者の氏名を記載

2　報告に係る農地の所在等

所在・地番	面積(㎡)	所有者(注1)		備　考(注2)
		住所	氏名	
○○市○○町○○番地	○○○○	○○市○○町○ー○	○○○○	

注1：法人の場合は事務所の住所地、法人の名称及び代表者の氏名を記載

注2：登記簿上の所有名義人と現在の所有者が異なるときに登記簿上の所有者を記載

3　認定事業者の行う耕作の事業の実施状況

・　則※第3条第1号の事業（事業計画に記載した同号イからハの(3)までの基準のうち該当するものについて、下欄イからハの(3)までの右欄のいずれか1箇所以上に「○」を記載し、その右欄に事業名用の実施状況を記載））

イ	○	当該生産緑地で生産した農作物を〇〇市内で80％以上販売した。
ロ の(1)		
ロ の(2)		
ハ の(1)		
ハ の(2)	○	耕土の流出を抑えるなど、周辺住宅地等に配慮した耕作を行った。
ハ の(3)		

・　則※第3条第2号の事業(注)

（事業計画に記載した耕作の事業の事業内容の実施状況を具体的に記載）

当該生産緑地の所有者である〇〇〇〇は、下記の作業に年間51日従事した。
(1)　周辺環境との調和を図るための農地の見回り及び境界農道の整備　　　年間38日
(2)　周辺住民等への農作物の販売等への協力　　　年間10日
(3)　その他、本生産緑地に付随する事項への助言・協力・指導など　　　年間 3日

※　都市農地の貸借の円滑化に関する法律施行規則（平成30年農林水産省令第54号）をいう。
注）本申請に係る都市農地の所有者が当該都市農地に係る農林漁業の業務に従事する場合には、業務の従事の状況についても「則第3条第2号の事業」欄に記載すること

【Ⅱ　選択項目】
　Ⅱの記載項目については、次の認定事業者ごとに示す項目について記載すること
　　ア　農業の経営を行うために賃借権等の設定を受ける農業協同組合及び地方公共団体
　　　：なし
　　イ　賃借権等の設定を受けた後に行う耕作の事業に必要な農作業に常時従事すると認められる個人及
　　　び農地所有適格法人
　　　：4及び5
　　ウ　イ以外の個人
　　　：4、5及び6
　　エ　ア及びイ以外の法人
　　　：全て

4　認定事業者が現に所有権並びに使用及び収益を目的とする権利を有している農地の利用状況

		農地面積（m²）	田	畑	樹園地
所有地	自作地(注1)	○○○○		○○○○	
	貸付地(注1)	0			
		所在・地番	地目（登記簿／現況）	面積（m²）	状況・理由
	非耕作地(注2)			0	
所有地以外の土地		農地面積（m²）	田	畑	樹園地
	借入地(注1)	○○○○		○○○○	
	貸付地(注1)	0			
		所在・地番	地目（登記簿／現況）	面積（m²）	状況・理由
	非耕作地(注2)			0	

注1：「自作地」、「貸付地」及び「借入地」には、現に耕作又は養畜の事業に供されているものの面積を記載してください。なお、「所有
　　地以外の土地」欄の「貸付地」は、農地法第3条第2項第6号の括弧書きに該当する土地です。
注2：「非耕作地」には、現に耕作又は養畜の事業に供されていないものについて、筆ごとに面積等を記載するとともに、その状況・理由
　　として、「賃借人○○が○年間耕作を放棄している」、「〜であることから条件不利地であり、○年間休耕中であるが、草刈り・耕起
　　等の農地としての管理を行っている」等耕作又は養畜の事業に供することができない事情等を詳細に記載してください。

5　周辺地域との関係
　　認定事業者が行う耕作の事業が、認定都市農地の周辺の農地の農業上の利用に及ぼしている影響を以下
　に記載してください。
　　（例えば、農薬の使用方法の違いによる耕作の事業への支障等について記載してください。）

　特になし。
　これまでどおり、地域の農業者との連携を図りながら耕作を行った。

6　地域との役割分担の状況
　　地域の農業における他の農業者との役割分担の状況について以下に記載してください。
　　（例えば、農業の維持発展に関する話合い活動への参加、農道、水路、ため池等の共同利用施設の取決め
　の遵守、獣害被害対策への協力等について記載してください。）

7　その法人の業務を執行する役員又は重要な使用人のうち、その法人の行う耕作の事業に常時従事する者
の氏名及び役職名並びにその法人の行う耕作の事業への従事状況(注)

(1)　氏名

(2)　役職名

(3)　その者の耕作の事業への年間従事日数

注：当該事業年度において法人の行う耕作又は養畜の事業に常時従事した業務執行役員（耕作又は養畜の事業に常時従事した業務執行役員が
いない場合には、重要な使用人）の氏名、役職名及び耕作の事業への年間従事日数を記載してください。

なお、「重要な使用人」とは、その法人の使用人であって、当該法人の行う耕作の事業に関する権限及び責任を有する者をいいます。

【添付資料】

報告書を提出する者が法人（地方公共団体を除く。）である場合には、その定款又は寄附行為の写し

（平30・8・31　30農振1660　様式例第2号）

都市農地貸借円滑化法により貸借している農地の貸借内容・期間を変更するときの手続は

　　　貸借内容や期間の変更をするときは、市町村長に事業計画の変更の認定を申請しなければなりません。婚姻等による姓の変更などは、軽微な変更として届出のみで足ります。認定を受けた者が第三者に変わるときなどは新たに事業計画の認定を受けることが必要です。

　解　　説

1　事業計画の変更の認定が必要なもの

　市町村長に事業計画の変更を申請し認定を受けることが必要なものは、原則として①賃貸借等の設定を受ける都市農地の変更、②その都市農地の地目又は面積の変更（面積については、変更する面積が全体の面積の5分の1を超えるもののみが対象）、③設定を受けた賃借権等の種類、始期及び存続期間の変更、④その都市農地における耕作の事業の内容の変更（都市農地貸借則6）の4項目となります。借り受けた生産緑地の追加などの貸借の内容や期間の変更はこれに当たります。

2　届出で足りるもの

　賃借料の変更、氏名・名称又は住所の変更、相続による農地の権利名義の変更など農地の新たな権利設定を伴うものでないもの等（変更の前後の事業計画に同一性があるもの）は軽微な変更に当たり、市町村長への届出のみで足りることになります（平30・11・22　30農振2283）。

3　新たに事業計画の申請が必要なもの

　認定を受けた者が全くの別人格の第三者に変更になった場合は、変更前後の事業計画に同一性がないものとの扱いとなり、別途新たな事業計画を申請し認定を受けなければなりません（平30・11・22　30農振2283）。

　また、1に記載した借り受けた農地の追加についても、既に借りている農地との一体性のない耕作の事業を行う場合には、同一性がないものとして新たな事業計画の申請・認定が必要になります。

都市農地貸借円滑化法による貸借の留意点は

A　都市農地貸借円滑化法による貸借は、生産緑地を賃貸借（有償貸借）した場合でも、農地法とは異なり（Q34参照）、貸借の期限が到来すれば借主より生産緑地の返還を受けることになります。

　ただし、市街化区域の農地である生産緑地という性質上、貸主の相続発生時を慮ると、その生産緑地の相続人が、①貸し付けたまま相続税納税猶予制度の適用を受けることができる、②生産緑地の返還を受けて買取申出をすることができるという、両方が可能である貸借であることが有用な貸借制度であると考えられます。

解　説

1　都市農地貸借円滑化法による貸借のメリット

　都市農地貸借円滑化法の貸借は、貸付人に相続が発生したときに、その生産緑地の相続人が貸し付けたまま相続税納税猶予制度の適用を受けることが可能です。ただし、生産緑地の返還を受けて買取申出をしようとするとき（租特70の6⑧一イ）には、貸借時期に留意する事項があります。

2　賃貸借と使用貸借のどちらで貸し付けるか

　農地を貸借する際、賃貸借（有償貸借）するときは、もちろん貸借期間の期限が到来すれば農地の返還を受けることができますが、例え

ば「相続が発生したら○か月以内に農地を返還する」などといった契約はできません（農地18⑦⑧）。一方、使用貸借（無償貸借）はそのような制約はありません。

　生産緑地の買取申出は、借主から農地の返還を受けることが要件（生産緑地10）となります。賃貸借の場合、借主が合意すれば農地の返還を受けることはできますが、必ずしも合意するとは限りません。一方、使用貸借は相続を機に返還を求められ得るなど借主にとって不安定な貸借になることが考えられます。

　貸借の契約をするときは、賃貸借か使用貸借のどちらにするのか、また貸借の期間などに十分考慮することが必要です。

3　貸主が農業の主たる従事者と認められる場合

　生産緑地の買取申出ができるのは、①指定告示から30年経過したとき、②農業の主たる従事者の死亡又は農業に従事することを不可能にさせる故障を有するに至ったとき等になります（生産緑地10②）（Ｑ8参照）。

　この農業の「主たる従事者」としては、都市農地貸借円滑化法によって貸し付けている生産緑地の場合は、主たる従事者（借主）が生産緑地に係る農林漁業の業務に1年間に従事した日数の1割に従事した者も該当することになります（生産緑地10②、生産緑地則3二）。

　つまり、生産緑地を貸し付けても、貸主（所有者）が当該生産緑地で借主が農業の業務に従事する日数の1割以上従事していれば、主たる従事者として認められることになり、貸主に相続が発生しても、その相続人が生産緑地の返還を受けることができれば、買取申出が可能となります。

「1割」に含まれる従事内容は、生産緑地縁辺部の見回りや除草、周辺住民からの相談への対応などが挙げられます。

なお、貸借契約書や認定申請書に、貸主が従事する内容や従事日数等を記載し、貸借後は、借主が毎年市町村に提出する事業報告書により貸主が行った従事内容・日数等を報告する必要があります（都市農地貸借5、都市農地貸借則4①三）。

4　1991（平成3）年1月2日以降に三大都市圏の特定市となった相続税納税猶予制度の適用を受けている生産緑地は適用条件に注意

1991（平成3）年1月2日以降に三大都市圏の特定市となった相続税納税猶予制度の適用を受けている生産緑地（20年営農が条件）は、都市農地貸借円滑化法によって生産緑地を貸し付けると、納税猶予を受けている生産緑地の全てについて終身営農が適用条件となるので、注意が必要です（国土交通省「特定生産緑地指定の手引き」7頁参照）。

Q19 相続税納税猶予制度の適用を受けている生産緑地を都市農地貸借円滑化法により農業者等に貸借するときの留意点は

A

制度の適用期限が20年（免除）の相続税納税猶予制度の適用を受けている生産緑地（2018（平成30）年8月31日以前の相続により特例農地（相続税納税猶予制度の適用を受けた農地）となった都市営農農地以外の生産緑地）については、都市農地貸借円滑化法により貸し付けたときは、貸付者が生産緑地で適用を受けているすべての特例農地の期限が終生適用となるので注意が必要です。

また、都市農地貸借円滑化法の認定を市町村長より受けた後に、市町村長より「認定都市農地貸付けを行った旨の証明」の交付を受け、管轄の税務署に本証明等を添付し、「相続税の納税猶予の認定都市農地貸付け等に関する届出書」を提出する必要があります。

解　説

貸借後は、3年ごとに所轄税務署に提出している継続届出書については、農業委員会より「引き続き認定都市農地貸付け等を行っている旨の証明」の交付を受け、届出書に添付することになります（昭51・7・7　51構改B1254）。

なお、借受者より当該生産緑地が返還され、貸借が更新されず、①自ら耕作を開始する、若しくは、②新たな認定都市農地貸付をする時

は、返還を受けた日から2か月以内に農業委員会等の証明書を添付し、その旨を管轄の税務署に届け出ることが必要になります（租特70の6の4）。

　また、2か月以内に上記①や②が実行できないときは、1年以内に新たな認定都市農地貸付け等を行う見込みであることについて税務署長の承認を受け、①承認が却下されたとき、若しくは、②承認を受け、生産緑地の返還を受けた日より1年以内に、自ら耕作を開始していない、また、新たに認定都市農地貸付けを行っていないときは、相続税納税猶予制度の期限が確定する（制度の打ち切りとなる）ことになります（租特70の6の4）。

＜相続税納税猶予制度の継続等の手続フロー（認定都市農地貸付けの場合）＞

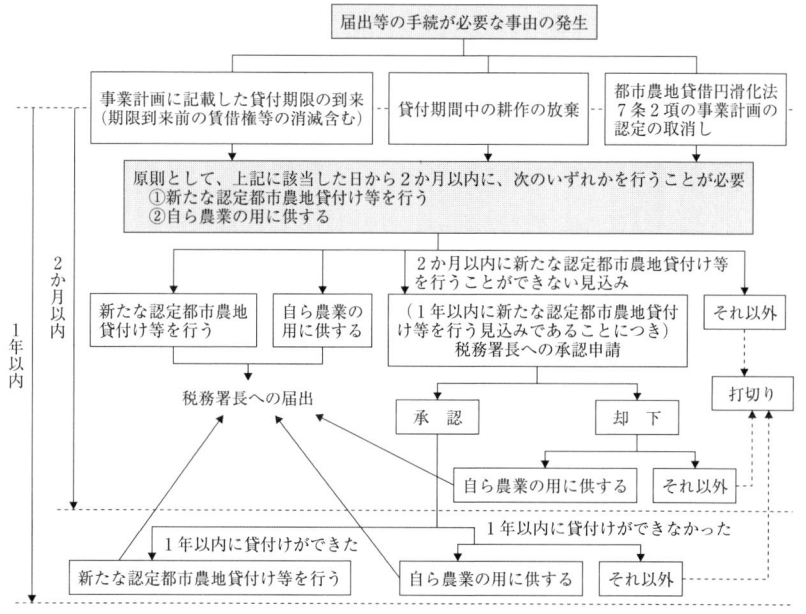

（農林水産省ウェブサイトをもとに作成）

【参考書式】
○認定都市農地貸付けを行った旨の証明書

様式44号（第2の2の(38)関係）

認定都市農地貸付けを行った旨の証明書

証　明　願

○○○○年 ○○ 月 ○○ 日

　　　○○市町村長　殿

申請者　　住所 ○○県○○市○○町○−○
　　　　　氏名 ○○○○　　　印

　　私は、租税特別措置法第70条の6の4第1項の規定の適用を受けるため、都市農地の貸借の円滑化に関する法律第4条第1項に規定する事業計画につき同項の認定を受けた下記の農地について、認定都市農地貸付けを行ったことを証明願います。

記

所 在 地 番	地　目	面　積	認定年月日	貸付けを行った年月日
○○市○○町○○番地	畑	○○○○㎡	○○○○年○○月○○日	○○○○年○○月○○日

第 ○○ 号

　　上記のとおり相違ないことを証明する。

○○○○ 年○○ 月 ○○ 日
○○市町村長　○○○○　　　印

（昭51・7・7　51構改B1254　様式44号）

○相続税の納税猶予の認定都市農地貸付け等に関する届出書

相続税の納税猶予の認定都市農地貸付け等に関する届出書

```
┌────────────────────────────────────────────────┐
│ 税務署                              平成○○年○○月○○日 │
│ 受付印                                              │
│                                                    │
│   ○○    税務署長                                  │
│                              〒 ○○○-○○○○       │
│              届出者 住所（居所） ○○県○○市○○町○-○ │
│                                                    │
│                     氏 名 ○○○○        ㊞         │
│                                                    │
│                     （電話番号 ○○○-○○○-○○○○） │
│                                                    │
│   租税特別措置法第70条の6の4第2項 [第2号]に規定する │
│                                  [第3号]            │
│   （認定都市農地貸付け）（農園用地貸付け）を行った下記の│
│   特例農地等については同条第1項の規定の適用を受けたいので、│
│   同項の規定により届け出ます。                     │
└────────────────────────────────────────────────┘
※欄は記入しないでください。
```

1　被相続人等に関する事項

被相続人	住所（居所）	○○県○○市○○町○-○	氏名	○○○○

届出者が被相続人から特例農地等を相続（遺贈）により取得した年月日　昭和／平成○○年○○月○○日

2　認定都市農地貸付け等に関する事項

（注）下記の(3)の貸付けを行った場合、①欄及び③欄の記載は不要であり、②欄には「租税特別措置法第70条の6の4第2項第3号の貸付規程に基づく最初の貸付けの年月日」を記載して下さい。

①借り受けた者	住所（居所）又は本店（主たる事務所）の所在地	○○県○○市○○町○-○	氏名又は名称	○○○○

②認定都市農地貸付け等を行った年月日　平成○○年○○月○○日　③賃借権等の存続期間　自：平成○○年○○月○○日／至：平成○○年○○月○○日

上記の貸付けは、次の貸付けにより行いました。（該当する番号を○で囲んでください。）
【認定都市農地貸付け】
　① 都市農地の貸借の円滑化に関する法律に規定する認定事業計画に基づく貸付け
【農園用地貸付け】
　(2) 特定農地貸付けに関する農地法等の特例に関する法律（以下「特定農地貸付法」といいます。）の規定により地方公共団体又は農業協同組合が行う特定農地貸付けの用に供されるための貸付け
　(3) 特定農地貸付法の規定により農業相続人が行う特定農地貸付け（その者が所有する農地で行うものであって、一定の貸付協定を市町村と締結しているものに限ります。）
　(4) 都市農地の貸借の円滑化に関する法律の規定により地方公共団体及び農業協同組合以外の者が行う特定都市農地貸付けの用に供されるための貸付け
　□ 上記の(2)～(4)の貸付けが市民農園整備促進法の規定による認定に係るものである場合（該当する場合には、チェックを入れてください。）
上記の認定都市農地貸付け等を行った特例農地等の明細は、付表1のとおりです。

3　平成30年8月31日以前の相続（遺贈）について納税猶予の適用を受けている農業相続人（相続（遺贈）により取得した日において特例農地等のうちに都市営農農地等を有しない農業相続人に限ります。）が有する特例農地等に関する事項

農業相続人が有する特例農地等の取得をした日における当該特例農地等の区分は、付表2の1、同2の2及び同2の3のとおりです。

関与税理士	○○○○	印	電話番号	○○○-○○○-○○○○

※	通信日付印の年月日	確認印	整理簿番号
	年　月　日		

（資12-130-1-A4統一）（平30.9）

（国税庁ウェブサイト）

○引き続き認定都市農地貸付け等を行っている旨の証明書

様式21号（第2の1の(26)関係）

引き続き認定都市農地貸付け等を行っている旨の証明書

証　明　願

○○○○年○○月○○日

○○市農業委員会長　殿

申請者　住所　○○県○○市○○町○-○
氏名　○○○○　　印

　私は、租税特別措置法第70条の6第1項の規定の適用を受ける農地等について、

同法第70条の6の4第1項の規定の適用を受ける（認定都市農地貸付け／農園用地貸付け）を下記の

期間引き続き行っていることを証明願います。

記

　引き続き（認定都市農地貸付け／農園用地貸付け）を行っている期間

　　○○○○年○○月○○日から　○○○○年○○月○○日まで

第○○号

　上記のとおり相違ないことを証明する。

○○○○年○○月○○日
○○市農業委員会長　○○○○　印

（昭51・7・7　51構改B1254　様式21号）

5 生産緑地に開設できる市民農園

 市町村が開設する市民農園用地として生産緑地を貸すときの手続は

 市町村が市民農園施設（休憩所及び講習所など）を設置しない市民農園を開設するときは、特定農地貸付法に基づく手続を行います。

市町村が市民農園施設を設置する市民農園を開設するときは、市民農園整備促進法に基づく手続を行います。

なお、生産緑地での市民農園の開設には、留意点があります。

解 説

1 開設の手続

特定農地貸付法の規定に基づき、市民農園の開設主体である市町村が、貸付規程を作成し、農業委員会の承認を得て、市民農園を開設します（特定農地貸付3①）。

＜特定農地貸付法の手続フロー＞

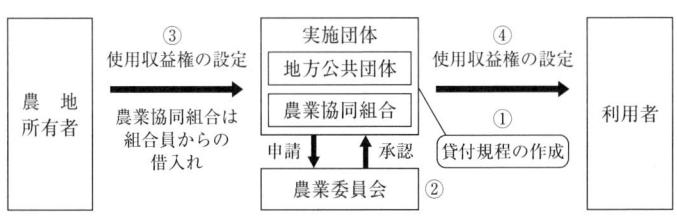

（農林水産省ウェブサイトをもとに作成）

2　市民農園施設（休憩所及び講習所など）を設置する市民農園の開設の手続

　市民農園整備促進法の規定に基づき、市民農園の開設主体である市町村が、整備運営計画を作成し、農業委員会の決定及び市町村の承認を得て、市民農園を開設します（市民農園整備7①）。

　整備運営計画の承認を受けることにより、農地転用等の手続を要せず、市民農園施設を設置することが可能となります。

＜市民農園整備促進法の手続フロー＞

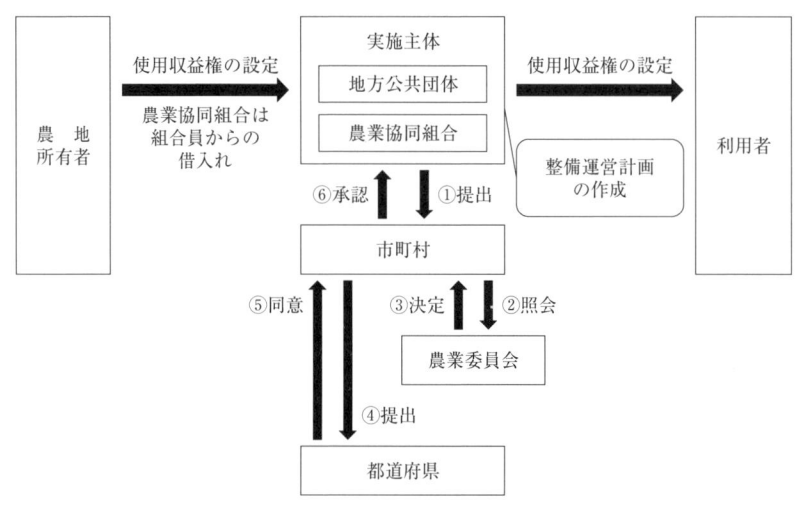

（農林水産省ウェブサイトをもとに作成）

3　生産緑地での市民農園の開設の留意点

　生産緑地での市民農園の開設には、①相続時に備え生産緑地所有者が市民農園に関わる農作業等に一定程度従事することが望ましいこと、②相続税等納税猶予制度の適用を受けている生産緑地の場合には市町村若しくは農業委員会から証明を受け税務署に届出を行うことなどの留意点があります。詳しくはQ23を参照してください。

生産緑地で自ら市民農園を開設するための手続は

　　市民農園に設置する施設等によって、特定農地貸付法若しくは市民農園整備促進法のどちらかに基づき開設します。

なお、生産緑地での市民農園の開設には、留意点があります。

解　説

1　特定農地貸付法と市民農園整備促進法

（1）　特定農地貸付法

特長：全ての農地で市民農園の開設が可能です。

市民農園施設（休憩所及び講習所など）を設置するときは、改めて農地転用の手続をとることが必要です。

手続のフローは以下のとおりです。

＜特定農地貸付法の手続フロー＞

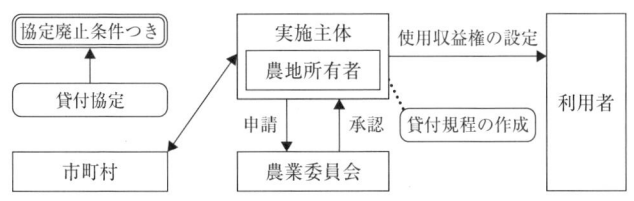

（農林水産省ウェブサイトをもとに作成）

（2）　市民農園整備促進法

要件：市民農園区域若しくは市街化区域のみの開設に限定されています。

　市民農園整備促進法により開設する市民農園は、整備運営計画の承認・認定を受けることにより、市民農園施設を設置することが可能となります。

　手続のフローは下記のとおりです。

<h3 align="center">＜市民農園整備促進法の手続フロー＞</h3>

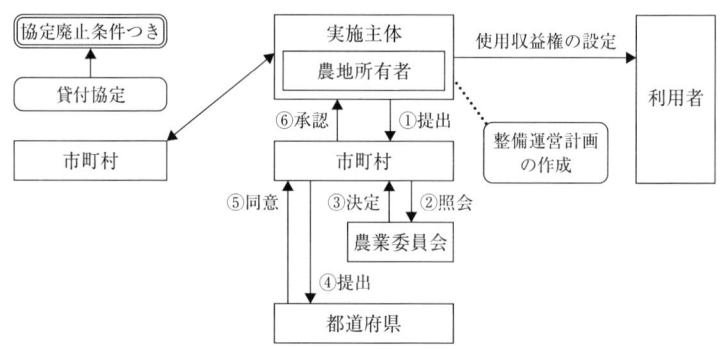

（農林水産省ウェブサイトをもとに作成）

2　開設の手続

①　当該農地のある市町村と貸付協定を結びます（貸付協定の規定を満たします。）。

　所有する農地で自ら市民農園を開設するときは、手続が、特定農地貸付法、市民農園整備促進法のどちらとも、まずは、当該農地のある市町村と貸付協定を結ぶことが必要となります（特定農地貸付2②五イ、特定農地貸付則1、市民農園整備2②一イ）。また、貸付協定に記載すべき事項は次のとおりです（特定農地貸付則1①）。

㋐　特定農地貸付けの用に供される農地の管理方法

㋑　農業用水の利用に関する調整その他地域の農業と特定農地貸付けの実施との調整の方法

㋒　地方公共団体及び農業協同組合以外の者が市町村に対して行う

貸付協定の実施の状況についての報告に関する事項

㋑　貸付協定に違反した場合の措置

㋔　その他必要な事項

　なお、当該農地が生産緑地の指定を受けており、さらに相続税納税猶予制度の適用を受けているとき、また生産緑地の相続人が将来相続税納税猶予制度の適用を受けるためには、廃止条件付きの貸付協定を市町村と結ぶことが要件となります（特定農地貸付則1②）。

②　農業委員会より貸付規程若しくは市町村より整備運営計画の承認・認定を受けます（貸付規程・整備運営計画に記載すべき事項を満たします。）。

　㋐　特定農地貸付法

　　特定農地貸付法により所有する農地で自ら市民農園を開設するためには、当該農地を管轄する農業委員会より貸付規程の承認を受ける必要があります（特定農地貸付3①）。

　　貸付規程に記載すべき事項は以下のとおりです（特定農地貸付3②、特定農地貸付則2）

　ⓐ　特定農地貸付けの用に供する農地の所在、地番及び面積

　ⓑ　特定農地貸付けを受ける者の募集及び選考の方法

　ⓒ　特定農地貸付けに係る農地の貸付けの期間その他の条件

　ⓓ　特定農地貸付けに係る農地の適切な利用を確保するための方法

　ⓔ　特定農地貸付法3条2項1号に規定する農地について所有権又は使用及び収益を目的とする権利を有する場合には、その権利の種類

　ⓕ　特定農地貸付法3条2項1号に規定する農地について所有権又は使用及び収益を目的とする権利を有しない場合には、当該農

地の所有者の氏名又は名称及び住所並びに当該農地について取
得しようとする権利の種類

㋑　市民農園整備促進法

　　市民農園整備促進法により所有する農地で自ら市民農園を開設
するためには、当該農地のある市町村より整備運営計画の承認・
認定を受ける必要があります（市民農園整備7①）。また、整備運営
計画に記載する事項は次のとおりです（市民農園整備7②、市民農園整
備則10）。

ⓐ　市民農園の用に供する土地の所在、地番及び面積

ⓑ　市民農園の用に供する農地の位置及び面積並びに市民農園整
　備促進法2条2項1号に掲げる農地のいずれに属するかの別

ⓒ　市民農園施設の位置及び規模その他の市民農園施設の整備に
　関する事項

ⓓ　利用者の募集及び選考の方法

ⓔ　利用期間その他の条件

ⓕ　市民農園の適切な利用を確保するための方法

ⓖ　資金計画

ⓗ　市民農園の開設の時期

ⓘ　市民農園整備促進法7条2項1号に規定する土地に係る次に掲
　げる事項

　ⅰ　所有権又は使用及び収益を目的とする権利を有する場合に
　　は、その権利の種類

　ⅱ　所有権又は使用及び収益を目的とする権利を有しない場合
　　には、当該土地の所有者の氏名又は名称及び住所並びに当該
　　土地について取得しようとする権利の種類

ⓙ　市民農園施設の敷地に供するため、農地を農地以外のものに
　する場合又は農地を農地以外のものにするため若しくは採草放

牧地を採草放牧地以外のもの（農地を除きます。）にするためこ
れらの土地について所有権又は使用及び収益を目的とする権利
を取得する場合には、当該土地に係る次に掲げる事項

　i　地目（登記簿の地目と現況による地目とが異なるときは、
　　　登記簿の地目及び現況による地目）、利用状況及び普通収穫
　　　高

　ii　申請者がその土地の転用に伴い支払うべき給付の種類、内
　　　容及び相手方

　iii　転用の時期

　iv　転用することによって生ずる付近の土地、作物、家畜等の
　　　被害の防除施設の概要

　v　所有権又は使用及び収益を目的とする権利を取得する場合
　　　には、当該権利を取得しようとする契約の内容

　ⓚ　その他参考となるべき事項

3　生産緑地での市民農園の開設の留意点

　生産緑地での市民農園の開設には、①相続時に備え生産緑地所有者
が市民農園に関わる農作業等に一定程度従事することが望ましいこ
と、②相続税等納税猶予制度の適用を受けている生産緑地の場合には
市町村若しくは農業委員会から証明を受け税務署に届出を行うことな
どの留意点があります。詳しくはQ23を参照してください。

【参考書式】
○貸付協定（自らが所有する農地で市民農園を開設する場合）

貸　付　協　定

（目　的）
第1　○○○○〔特定農地貸付けにより市民農園を開設する者〕（以下「開設者」とい
　　う。）及び○○市〔当該市民農園の所在地を所管する市町村〕は、市民農園の用に供
　　する農地（以下「特定貸付農地」という。）の適切な管理・運営の確保、特定貸付農
　　地が周辺地域に支障を及ぼさないことの確保及び特定農地貸付けを中止し、又は廃
　　止する場合の特定貸付農地の適切な利用等の確保等を図るため、次のとおり協定を
　　締結する。
（協定の区域）
第2　この協定の区域は、別表に掲げる土地とする。
（特定貸付農地の適切な管理及び運営の確保に関する事項）
第3　開設者は、特定農地貸付けを受けた者（以下「借受者」という。）に対して行う農
　　作物等の栽培に関する指導体制を整備するものとする。
2　開設者は、借受者が、契約期間中において正当な理由がなく特定農地貸付けを受け
　　た農地（以下「借受農地」という。）の耕作の放棄又は管理の放棄を行ったときには、
　　借受者が借受農地の耕作又は管理の再開を行うよう指導しなければならない。
3　開設者は、借受者から返還を受けた農地又は貸付けていない農地について適切な
　　管理を行わなければならない。
4　開設者は、借受者が、他の借受者の利用の妨げにならないように指導を行うととも
　　に、借受者間に紛争が生じた場合には適切に仲裁しなければならない。なお、○○市
　　は、開設者から仲裁に関して協力の要請を受けた場合は、誠意を持って対応するもの
　　とする。
（特定貸付農地の利用が周辺地域に支障を及ぼさないことを確保するために必要な事
　　項）
第4　開設者は、市民農園の整備に当たり、既存水路の分断、既存の農業用水を利用す
　　る場合等には、水の利用及び排水等について地域の関係者と調整を行わなければな
　　らない。
2　開設者は、地域において行う航空防除、共同防除等の病害虫の防除の計画を把握し、
　　借受者に適切に指導するものとする。
3　開設者は、借受者が市民農園の周辺の住民、周辺農地等に迷惑を及ぼさないよう指
　　導しなければならない。
4　○○市は、開設者から1から3に関して指導等の要請があったときには、誠意を持っ
　　て協力するものとする。

（特定農地貸付けを中止し、又は廃止する場合において、特定貸付農地の適切な利用等を確保するために必要な事項）

第5　開設者は、特定農地貸付法第3条第4項の規定による特定農地貸付規程の承認の取消しがあったとき（※1）、又は特定農地貸付けを中止若しくは廃止するときには、自ら当該農地を適切に農業的利用を行うものとする。なお、開設者自ら当該農地を農業的利用に適切に利用することが困難な場合等のときは、○○市が指定する方法、指定する者に対し、所有権の移転又は使用収益権の設定を行うものとする。

2　開設者は、特定農地貸付けを廃止する場合には、○ヶ月間の予告期間をおいて行うものとする。

3　開設者は、特定農地貸付法第3条第4項の規定による特定農地貸付規程の承認の取消しがあったとき（※1）、又は特定農地貸付けを中止若しくは廃止するときは、現に適切な利用をしている借受者の利用の継続ができるよう他の市民農園のあっせんを行うものとする。

4　○○市は、開設者が自ら行う当該農地の適切な農業的利用又は○○市が指定する者に対して行う所有権の移転若しくは使用収益権の設定が適切かつ確実に行われるとともに他の市民農園のあっせんが円滑に行われるよう、開設者に対し必要な助言その他の支援を行うものとする。（※2）（※3）

（開設者が○○市に対して行う協定の実施状況についての報告に関する事項）

第6　開設者は、市民農園の適切な管理及び運営の状況並びに周辺地域への支障の回避措置等について、○○市に定期的に報告しなければならない。

（実施調査等）

第7　○○市は、市民農園の管理及び運営の状況並びに周辺地域への支障の回避措置等について確認するため、必要に応じて実施調査、関係者からの聞取り等による調査を行うものとする。

（開設者が特定貸付農地を適切に利用していない場合の協定の廃止）

第8　○○市は、開設者が正当な理由なく特定貸付農地の管理の放棄を行っているなど、特定貸付農地を適切に利用していないと認める場合には、本協定を廃止するものとする。（※2）（※3）

　　この協定の証として、本書○通作成し、開設者及び○○市が記名押印のうえ、各自1通を保有する。

○○○○年○○月○○日

　　　　　　　　　　（開設者）　　住所　○○市○○町○－○
　　　　　　　　　　　　　　　　　　　　　　　　　　○○○○　印

　　　　　　　　　　（市町村）　　住所　○○市○○町○－○
　　　　　　　　　　　　　　　　　　　　○○市長　　　○○○○　印

別　表

土地の一覧表

番号	土地の所在	地目	利用状況	面積（㎡）
○	○○県○○市○○町○○番	畑	適正に耕作されている	○○○○

※1　下線部分について、市民農園整備促進法に基づいて開設する場合は「市民農園整備促進法第10条の規定による認定の取消しがあったとき」とします。

※2　波線部分については、生産緑地地区に指定されている農地の場合に入れるべき項目です。

※3　生産緑地地区の区域内の農地で市民農園を開設する場合にあっては特定農地貸付法施行規則第1条第2項の規定により、第5の4及び第8の事項を記載することができます。

（平17・9・1　17農振781　別紙1をもとに作成）

○特定農地貸付規程

特定農地貸付規程

（目　的）

第1　この規程は、農業者以外の者が野菜や花等を栽培して、自然にふれ合うとともに、農業に対する理解を深めること等を目的に○○○○〔貸付主体の名称〕が行う特定農地貸付け（以下「貸付け」という。）の実施・運営に関し必要な事項を定める。

（貸付主体）

第2　本貸付けは、○○○○が実施するものとする。

（貸付対象農地）

第3　貸付けに係る農地（以下「貸付農地」という。）の所在、地番、面積及び○○○○が貸付農地について有し、又は取得しようとする所有権又は使用及び収益を目的とする権利の種類（貸付農地について所有権又は使用及び収益を目的とする権利を取得する場合は、貸付農地の所有者の氏名又は名称及び住所を含む。）は、別表のとおりとする。

（貸付条件）

第4　貸付条件は、次のとおりとする。

（1）　貸付期間は、5年間とする。

（2）　貸付けに係る賃料は、1区画当たり年10,000円とする。（※1）

（3）　貸付けを受ける者（以下「借受者」という。）は、賃料を毎年4月1日までに○○○○に支払うものとする。

2　貸付農地において次に掲げる行為をしてはならないものとする。

（1）　建物及び工作物を設置すること。

（2）　営利を目的として作物を栽培すること。

（3）　貸付農地を転貸すること。

（募集の方法）

第5　貸付けを受けようとする者の募集は、チラシ、掲示等による一般公募とする。

2　募集期間は、当該募集に係る農地を貸し付けることとなる日の60日前から30日間とするものとする。

（申込みの方法）

第6　貸付けを受けようとする者は、第5の2に規定する募集期間内に○○○○へ申込書を提出しなければならないものとする。

（選考の方法）

第7　○○○○は、第6の規定に基づき申込をした者の中から借受者を決定するものとする。

2　申込をした者の数が募集した数を上回る場合は抽選により借受者を決定するもの

とする。

3　○○○○は、1又は2により借受者を決定した場合はその旨を当該者に通知するものとする。

（貸付農地の管理・運営等）

第8　○○○○は、貸付農地及び施設の適切な維持・管理及び運営を図ることとする。

2　○○○○は、次の農作業等に関する業務に年間40日以上従事する。

(1)　貸付農地及び施設の見回り並びに借受者に対する必要な指示

(2)　貸付農地における作物の栽培等の指導

(3)　その他当該市民農園の運営及び栽培に係る事項（※2）

（貸付契約の解約等）

第9　次の各号に該当するときは、貸付契約を解約することができる。

(1)　借受者が貸付契約の解約を申し出たとき

(2)　第4の2に掲げる行為をしたとき

(3)　貸付農地を正当な理由なく耕作しないとき

（貸付農地の返還）

第10　借受者は、第4の1の(1)の規定による貸付期間が終了したとき又は第9の規定による解約をしたときは、すみやかに貸付農地を原状に復し返還しなければならない。

（賃料の不還付）

第11　既に納めた賃料は、還付しない。ただし、次に掲げる事由に該当する場合は、その一部又は全部を還付することができる。

(1)　借受者の責任でない理由で貸付けができなくなった場合

(2)　○○○○が相当な理由があると認めたとき

別　表

番　号	所　在	地　番	地　　目		面　積（㎡）	位　置	貸付主体が新たに権利を取得するもの			貸付主体が既に有している権利に基づくもの
							権利の種類	所　有　者		権利の種類
			登記簿	現況				住所	氏名	
(例)1〜10	○○市字○○	○○番	畑	畑	各60㎡	別図のとおり				
11〜20	○○市字○○	○○番	畑	畑	各60㎡	別図のとおり				
計					1,200㎡					

別　図

1	2	3	4	5	6	7	8	9	10
11	12	13	14	15	16	17	18	19	20

N

※1　区画の面積によって賃料が異なる場合は、その旨記載します。

※2　波線部分については、生産緑地地区に指定されている農地の場合に入れるべき項目です。

（平元・9・11元構改B1015をもとに作成）

○市民農園開設認定申請書

別紙様式第2号

市民農園開設認定申請書

○○○○年○○月○○日

　　○○市長　　　　殿

申請者
住所　○○県○○市○○町○－○
氏名　○○○○　　　　印

　市民農園整備促進法第7条第1項の規定に基づき、市民農園の開設について下記の書面を添えて認定を申請する。

記

1　整備運営計画書（別紙）（※）
2　市民農園の位置を表示した地形図
3　市民農園施設の位置、形状及び種別等概要を表示した平面図
4　土地の登記事項証明書
5　土地の地番を表示する図面
6　（土地改良区の意見）
7　（土地利用契約書の案）
8　（その他参考となる事項）

※別紙は後掲「市民農園整備運営計画書」を指します。

（平2・9・20　2構改B982・経民発41・都公緑発108　別紙様式第2号をもとに作成）

○市民農園整備運営計画書

別紙様式第3号

市民農園整備運営計画書

〇〇〇〇 年〇〇月〇〇日
申請者 住所 〇〇県〇〇市〇〇町〇-〇
氏名 〇〇〇〇

1 市民農園の用に供する土地

| 土地の所在 | 地番 | 項　目 | | 新たに権利を取得する | | | 既に有している権利関係 | | | 土地の利用目的 | |
| | | 登記簿 | 現　況 | 権利の種類 | 土地所有者 | | 権利の種類 | 土地所有者 | | 農　地 | 市民農園施設 |
					氏　名	住　所		氏　名	住　所		種　類
〇〇県〇〇市〇〇町〇〇番	90	畑	畑				所有権	〇〇〇〇	〇〇市〇〇町〇-〇	市民農園	休憩施設

2 市民農園施設の規模その他の市民農園施設の整備

整備計画	種　別	構　造	建築面積	所要面積	工事期間	
建築物 工作物 　計	休憩・物置 施設	木造1階建	〇〇㎡	〇〇㎡	〇〇年〇月 〜 〇〇年〇月	

3 市民農園の開設の時期

〇〇〇〇 年〇〇月〇〇日

4 利用者の募集及び選考の方法

募 集 方 法	ダイレクトメール・広報誌掲載
選 考 方 法	定員を超す応募があったときは、公開による抽選により利用者を決定する。

5　利用期間その他の条件

利用期間	利用料金	支払方法	区　　　画		その他の条件
			区　画　数	1区画面積	
毎年4月～3月	1区画 年間〇〇〇〇円	指定口座に振込	20	60㎡	特になし

6　開設者が従事する農作業等に関する業務

　　開設者〇〇〇〇は、次の農作業等に関する業務に年間40日以上従事する。

　（1）　貸付農地及び施設の見回り並びに借受者に対する必要な指示

　（2）　貸付農地における作物の栽培等の指導

　（3）　その他当該市民農園の運営や栽培に係る事項(※)

※波線部分は、当該農地が生産緑地地区の指定を受けているときに入れる必須項目です。

（平2・9・20　2構改Ｂ982・経民発41・都公緑発108　別紙様式第3号をもとに作成）

第三者が開設する市民農園に生産緑地を貸すときの手続は

　　第三者が生産緑地を借りて市民農園を開設しようとするときは、都市農地貸借円滑化法による特定都市農地貸付けの手続を行います。

解　説

1　開設の手続

　農地を所有しない者や法人が、生産緑地を借り、市民農園を開設するときは、都市農地貸借円滑化法の特定都市農地貸付けの仕組みにより、①市町村と生産緑地所有者と農地を所有しない者の三者で協定を締結し（都市農地貸借10①二）、②農業委員会に貸付規程の承認を受け（都市農地貸借11）、③生産緑地所有者が農地を所有しない者と賃貸借等の契約をし、市民農園を開設します。

＜市民農園開設の手続フロー（生産緑地）＞

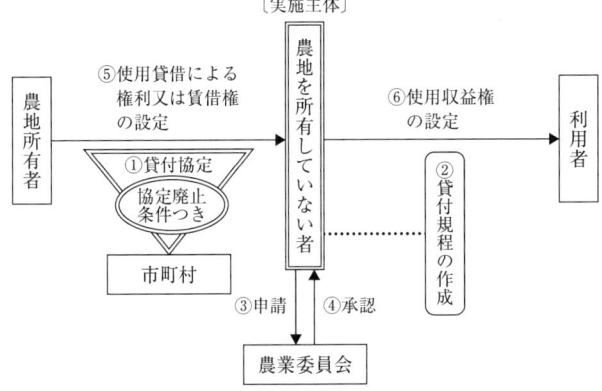

（農林水産省ウェブサイトをもとに作成）

2　貸付協定

貸付主体の第三者と当該生産緑地のある市町村と生産緑地所有者の三者で貸付協定を締結します。

貸付協定に記載すべき項目は以下のとおりです（都市農地貸借10①二イロ、都市農地貸借則10）。

①　都市農地を適切に利用していないと認められる場合に市町村が協定を廃止する旨

②　承認を取り消した場合又は協定を廃止した場合に市町村が講ずべき措置

③　特定都市農地貸付けの用に供される都市農地の管理の方法

④　農業用水の利用に関する調整その他地域の農業と特定都市農地貸付けの実施との調整の方法

⑤　特定都市農地貸付けを行う者が市町村に対して行う法10条2号に規定する協定の実施状況についての報告に関する事項

⑥　法10条2号に規定する協定に違反した場合の措置

⑦　その他必要な事項

3　貸付規程

開設主体の第三者は、当該生産緑地のある農業委員会より貸付規程について、承認を得ることが必要です。

貸付規程に記載する事項は、Q21を参照してください（都市農地貸借11）。

4　生産緑地での市民農園の開設の留意点

生産緑地での市民農園の開設には、①相続時に備え生産緑地所有者が市民農園に関わる農作業等に一定程度従事することが望ましいこと、②相続税等納税猶予制度の適用を受けている生産緑地の場合には市町村若しくは農業委員会から証明を受け税務署に届出を行うことなどの留意点があります。詳しくはQ23を参照してください。

【参考書式】
○特定都市農地貸付けの承認申請書

様式例第7号の1

特定都市農地貸付けの承認申請書

○○○○年○○月○○日

○○市農業委員会会長　殿

申請者住所　○○市○○町○－○

氏名＜名称・代表者＞NPO法人○○○ (印)
　　　　　　　　　　理事長　○○○○

※　法人の場合は事務所の住所地、法人の名称及び代表者の氏名
　を記載

※　申請者の氏名（法人はその代表者の氏名）を自署する場合
　は、押印を省略できる

　都市農地の貸借の円滑化に関する法律（平成30年法律第68号）第11条において準用する特定農地貸付けに関する農地法等の特例に関する法律（平成元年法律58号）第3条第1項（都市農地の貸借の円滑化に関する法律施行令（平成30年政令第234号）第2条において準用する特定農地貸付けに関する農地法等の特例に関する法律施行令（平成元年政令第58号）第4条第1項）の規定に基づき、特定都市農地貸付けについて、下記の書面を添えて承認を申請します。

記

1　貸付規程
2　特定都市農地貸付けの用に供する農地の位置及び附近の状況を表示する図面
3　協定

注）本申請に係る都市農地の所有者が当該都市農地に係る農林漁業の業務に従事する場合には、業務の従事の計画を記載した書面についても添付すること（別添例参照）

別添

都市農地所有者の農林漁業の業務への従事計画

　特定都市農地貸付けの承認の申請に係る都市農地の所有者の農林漁業の業務への従事の計画は以下のとおりとする。

（年間の従事する業務及び日数等について記載）
　当該生産緑地所有者は下記の農作業等の業務に年間40日以上従事します。

1. 市民農園利用者に対する栽培技術・農作物等に関する助言
2. 市民農園の見回り・環境の整備
3. 周辺住民からの相談対応
4. 収穫祭等交流会への参加
5. その他本市民農園の管理等に関わる事項
　　（※　上記のとおり相違ありません　　氏名　　○○○○　　　　印)

※　本欄に申請に係る都市農地の所有者の押印又は自署をするか、当該所有者の農林漁業の業務への従事の計画を記載した賃貸借等の契約書その他の書類を添付すること。

（平30・8・31　30農振1660　様式例第7号の1)

○特定都市農地貸付規程

　　　　　　　　　　　　特定都市農地貸付規程

（目　的）

第1　この規程は、農業者以外の者が野菜や花等を栽培して、自然にふれ合うとともに、
　　農業に対する理解を深めること等を目的にNPO法人○○○〔貸付主体の名称〕が行
　　う特定都市農地貸付け（以下「貸付け」という。）の実施・運営に関し必要な事項を
　　定める。

（貸付主体）

第2　本貸付けは、NPO法人○○○が実施するものとする。

（貸付対象農地）

第3　貸付けに係る農地（以下「貸付農地」という。）の所在、地番、面積及びNPO法
　　人○○○が貸付農地について有し、又は取得しようとする所有権又は使用及び収益
　　を目的とする権利の種類（貸付農地について所有権又は使用及び収益を目的とする
　　権利の種類（貸付農地について所有権又は使用及び収益を目的とする権利を取得す
　　る場合は、貸付農地の所有者の氏名及び住所を含む。）は、別表のとおりとする。

（貸付条件）

第4　貸付条件は、次のとおりとする。

　(1)　貸付期間は、5年間とする。

　(2)　貸付けに係る賃料は、1区画当たり年間○○○○円とする。（※）

　(3)　貸付けを受ける者（以下「借受者」という。）は、賃料を毎年5月1日までにNPO
　　　法人○○○に支払うものとする。

2　貸付農地において次に掲げる行為をしてはならないものとする。

　(1)　建物及び工作物を設置すること。

　(2)　営利を目的として作物を栽培すること。

　(3)　貸付農地を転貸すること。

（募集の方法）

第5　貸付けを受けようとする者の募集は、新聞広告に掲載するほか、チラシ、掲示等
　　による一般公募とする。

2　募集期間は、当該募集に係る農地を貸し付けることとなる日の60日前から30日間
　　とするものとする。

（申込みの方法）

第6　貸付けを受けようとする者は、第5の2に規定する募集期間内にNPO法人○○○
　　へ申込書を提出しなければならないものとする。

（選考の方法）

第7　NPO法人○○○は、第6の規定に基づき申込をした者の中から借受者を決定するものとする。

2　申込みをした者の数が募集した数を上回る場合は抽選により借受者を決定するものとする。

3　NPO法人○○○は、1又は2により借受者を決定した場合はその旨を当該者に通知するものとする。

（貸付農地の管理・運営等）

第8　NPO法人○○○は、貸付農地及び施設の適切な維持・管理及び運営を図るため管理人等を設置する。

2　管理人と当該生産緑地の所有者は、次の業務を行う。

(1)　貸付農地及び施設の見回り並びに借受者に対する必要な指示

(2)　貸付農地における作物の栽培等の指導

（貸付契約の解約等）

第9　次の各号に該当するときは、貸付契約を解約することができる。

(1)　借受者が貸付契約の解約を申し出たとき

(2)　第4の2に掲げる行為をしたとき

(3)　貸付農地を正当な理由なく耕作しないとき

（貸付農地の返還）

第10　借受者は、第4の1の(1)の規定により貸付期間が終了したとき又は第9の規定による解約をしたときは、すみやかに貸付農地を原状に復し返還しなければならない。

（賃料の不還付）

第11　既に納めた賃料は、還付しない。ただし、次に掲げる事由に該当する場合は、その一部又は全部を還付することができる。

(1)　借受者の責任でない理由で貸付けができなくなった場合

(2)　NPO法人○○○が相当な理由があると認めたとき

別　表

番号	所在	地番	地　目		面積 (㎡)	位置	権利の種類	所有者	
			登記簿	現況				住所	氏名
（例）1～10 11～20 計	○市字○○ ○市字○○	○○番 ○○番	田 畑	畑 畑	各60 各60 1,200	別図のとおり	賃借権 賃借権	○市○番 ○市○番	○○○○ ○○○○

別　図

1	2	3	4	5	6	7	8	9	10
11	12	13	14	15	16	17	18	19	20

N

※区画の面積によって賃料が異なる場合は、その旨記載します。

（平30・8・31　30農振1660をもとに作成）

○貸付協定

協　　定

（目　的）
第1　NPO法人○○○〔特定都市農地貸付けにより市民農園を開設する者〕（以下「開
　　設者」という。）、○○市〔当該市民農園の所在地を所管する市町村〕及び○○○○
　　〔農地の所有者〕（以下「所有者」という。）は、市民農園の用に供する農地（以下
　　「特定貸付農地」という。）の適切な管理・運営の確保、特定貸付農地が周辺地域に
　　支障を及ぼさないことの確保及び特定農地貸付けを中止し、又は廃止する場合の特
　　定貸付農地の適切な利用等の確保等を図るため、次のとおり協定を締結する。
（協定の区域）
第2　この協定の区域は、別表に掲げる土地とする。
（特定貸付農地の適切な管理及び運営の確保に関する事項）
第3　開設者は、特定都市農地貸付けを受けた者（以下「借受者」という。）に対して
　　行う農作物等の栽培に関する指導体制を整備するものとする。
2　開設者は、借受者が、契約期間中において正当な理由がなく特定都市農地貸付けを
　　受けた農地（以下「借受農地」という。）の耕作の放棄又は管理の放棄を行ったとき
　　には、借受者が借受農地の耕作又は管理の再開を行うよう指導しなければならない。
3　開設者は、借受者から返還を受けた農地又は貸付けていない農地について適切な
　　管理を行わなければならない。
4　開設者は、借受者が、他の借受者の利用の妨げにならないように指導を行うととも
　　に、借受者間に紛争が生じた場合には適切に仲裁しなければならない。なお、○○市
　　は、開設者から仲裁に関して協力の要請を受けた場合は、誠意を持って対応するもの
　　とする。
（特定貸付農地の利用が周辺地域に支障を及ぼさないことを確保するために必要な事
　　項）
第4　開設者は、市民農園の整備に当たり、既存水路の分断、既存の農業用水を利用す
　　る場合等には、水の利用及び排水等について地域の関係者と調整を行わなければな
　　らない。
2　開設者は、地域において行う航空防除、共同防除等の病害虫の防除の計画を把握し、
　　借受者に適切に指導するものとする。
3　開設者は、借受者が市民農園の周辺の住民、周辺農地等に迷惑を及ぼさないよう指
　　導しなければならない。
4　○○市は、開設者から1から3に関して指導等の要請があったときには、誠意を持
　　って協力するものとする。

（特定都市農地貸付けを中止し、又は廃止する場合において、特定貸付農地の適切な利用等を確保するために必要な事項）

第5　開設者は、都市農地の貸借の円滑化に関する法律第11条により準用する特定農地貸付法第3条第4項の規定による特定都市農地貸付けの承認の取消しがあったとき、特定都市農地貸付けを中止若しくは廃止するとき（別途締結する賃貸契約の期間が満了した時を含む。以下同じ。）には、市民農園の用地を原状に回復し、農地の所有者に返還するものとする。

2　○○市は、開設者が前項の規定による原状回復を行わないときには、開設者に替わって原状回復を行うものとし、その費用は開設者が負担するものとする。

なお、農地の所有者が原状回復を求めないときにはこの限りでない。

3　開設者は、特定農地貸付けを廃止する場合には、6ヶ月間の予告期間をおいて行うものとする。

4　開設者は、都市農地の貸借の円滑化に関する法律第11条により準用する特定農地貸付法第3条第4項の規定による特定都市農地貸付けの承認の取消しがあったとき、特定都市農地貸付けを中止若しくは廃止するとき、又は協定を廃止したときは、現に適切な利用をしている借受者の利用の継続ができるよう他の市民農園の斡旋を行うものとする。

5　○○市は、第4項の他の市民農園の斡旋が適切に行われるよう、開設者に対し必要な助言その他の支援を行うものとする。

（開設者が○○市及び所有者に対して行う協定の実施状況についての報告に関する事項）

第6　開設者は、市民農園の適切な管理及び運営の状況並びに周辺地域への支障の回避措置等について、○○市及び所有者に定期的に報告しなければならない。

（実施調査等）

第7　○○市及び所有者は協力して、市民農園の管理及び運営の状況並びに周辺地域への支障の回避措置等について確認するため、必要に応じて実施調査、関係者からの聞取り等による調査を行うものとする。

（協定に違反した場合の措置）

第8　所有者は、開設者が第3の2及び3、第4の1から3に違反したと認めたときには、開設者と締結する賃貸借（使用貸借）契約を解除するものとする。

2　前項に基づき賃貸借（使用貸借）契約が解除されたときは、開設者は自らの負担で市民農園の用地を原状に回復し、所有者に返還するものとする。なお、この場合、本協定第5の3及び4を準用するものとする。

（開設者が特定貸付農地を適切に利用していない場合の協定の廃止）

第9　○○市は、開設者が正当な理由なく特定貸付農地の管理の放棄を行っているなど、特定貸付農地を適切に利用していないと認める場合には、本協定を廃止するものとする。

2　前項に基づき本協定が廃止されたときは、開設者は自らの負担で市民農園の用地

を原状に回復し、所有者に返還するものとする。なお、この場合、本協定第5の3から5までを準用するものとする。

　この協定の証として、本書○通作成し、開設者、○○市及び所有者が記名押印のうえ、各自1通を保有する。

○○○○年○○月○○日

　　　　　　　　　　NPO法人○○○　住所　○○市○○町○−○
　　　　　　　　　　　　　　　　　　　NPO法人　理事長　○○○○　　印
　　　　　　　　　　○○市　　　　　　住所　○○市○○町○−○
　　　　　　　　　　　　　　　　　　　○○市長　　　　　○○○○　　印
　　　　　　　　　　○○○○　　　　　住所　○○市○○町○−○
　　　　　　　　　　　　　　　　　　　　　　　　　　　○○○○　　印

別表

土地の一覧表

番号	土地の所在	地　目	利用状況	面積（㎡）
1	○○○○○○○○○○	畑	露地野菜を栽培している	○○○○

（平30・8・31　30農振1660をもとに作成）

生産緑地に市民農園を開設するときの留意点は

　生産緑地に市民農園を開設するときは、所有者（貸付人）に相続が発生した場合に備えること、また、相続税等納税猶予制度の適用を受けている生産緑地にあっては税務署への手続に留意することが必要です。

解　説

1　相続が発生した場合に備える

　2018（平成30）年9月1日に都市農地貸借円滑化法が施行されたことにより生産緑地法施行規則が改正され、生産緑地の主たる従事者に「都市農地貸借円滑化法又は特定農地貸付法（市民農園整備促進法を含みます。）の用に供される生産緑地にあっては当該生産緑地の主たる従事者が農林漁業の業務に1年間従事した日数の1割以上従事した者」が追加されました（Q8参照）。

　このことから、市民農園を開設しようとする農地が生産緑地であるときには、当該生産緑地で相続が発生したときに、その相続人による買取申出を可能とするため、通常は、農地所有者が一定程度の農作業等に従事することになります（租特70の6の4・70の6、租特令40の7）。

　このときには、貸付規程若しくは整備運営計画に農作業の従事計画を盛り込み、実際に従事したことを記録に残すことが重要です。

2　相続税等納税猶予制度の適用を受けている生産緑地に市民農園を開設したときの手続と閉園した場合の手続

　相続税納税猶予制度適用農地（以下「特例農地」といいます。）に市民農園を開設したときは、農業委員会長若しくは市町村長より「農園用地貸付けを行った旨の証明」の交付を受け、管轄の税務署に本証明等を添付し、「相続税の納税猶予の認定都市農地貸付け等に関する届出書」を提出します（租特70の6の4①）。

　貸借後、3年ごとに所轄税務署に提出している継続届出書については、農業委員会より「引き続き農園用地貸付け等を行っている旨の証明」の交付を受け、届出書に添付することになります。

　なお、市民農園が閉園したときは、①自ら耕作を開始する、若しくは、②新たな認定都市農地貸付け若しくは農園用地貸付け（以下「認定都市農地貸付け等」といいます。）をすることで相続税納税猶予制度の適用が継続します。市民農園の閉園若しくは当該生産緑地の返還を受けた日から2か月以内に上記①や②を行った場合は農業委員会等の証明書を添付し、その旨を管轄の税務署に届け出ます（租特70の6の4④）。

　また、2か月以内に上記①や②が実行できないときは、1年以内に新たな認定都市農地貸付け等を行う見込みであることについて税務署長の承認を受け（租特70の6の4④、租特令40の7の4⑤）、生産緑地の返還を受けた日等より1年以内に①若しくは②を行うことができなかった場合は、相続税納税猶予制度の期限が確定する（打ち切りとなる）ことになります。

＜農地所有者が自ら開設していた市民農園の閉園や市町村若しくは第三者に貸し付けて開設していた市民農園が閉園し生産緑地の返還を受けたときの相続税納税猶予制度の継続等の手続フロー＞

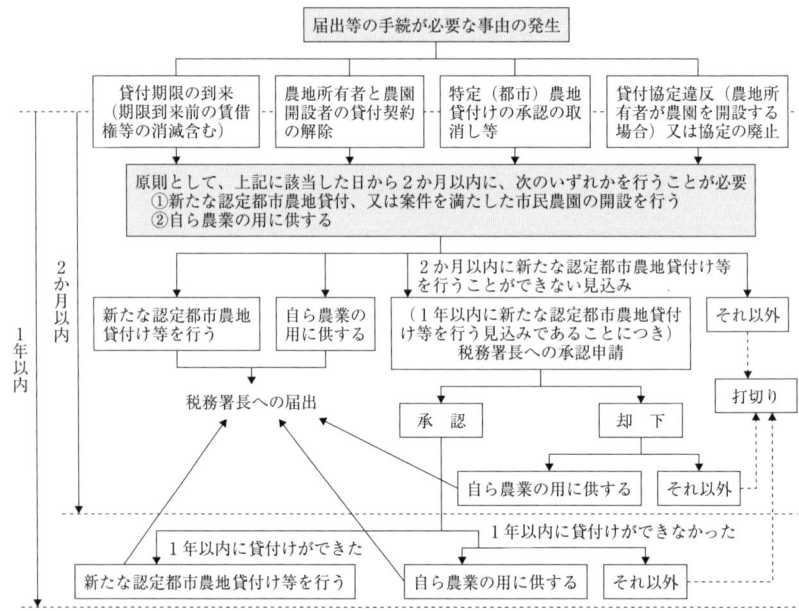

（農林水産省ウェブサイトをもとに作成）

【参考書式】

○市民農園用地として貸し付けた生産緑地地区における農作業等従事計画

令和〇〇年〇〇月〇〇日

〇〇市長　　　　　様
〇〇市農業委員会長　様

市民農園用地として貸し付けた生産緑地地区における農作業等従事計画

住所　〇〇県〇〇市〇〇町〇-〇
氏名　〇〇〇〇　　　　　印

　市民農園用地として貸し付けた生産緑地地区における農作業等の業務に従事する計画は下記のとおりです。

---

1. 市民農園利用者に栽培技術・農作物等の助言
2. 市民農園の見回り・環境の整備
3. 周辺住民からの相談対応
4. 収穫祭等交流会への参加
5. その他本市民農園の管理等に関わる事項
   　以上の農作業等の業務に年間40日以上従事する。

○農園用地貸付けを行った旨の証明書（市町村若しくは農業協同組合が特定農地貸付法により市民農園を開設した場合。「相続税の納税猶予の認定都市農地貸付け等に関する届出書」添付書類）

様式22号（第2の1の(36)関係）

農園用地貸付けを行った旨の証明書

証　明　願

○○○○　年○○月○○日

○○市農業委員会長　殿

申請者　住所○○県○○市○○町○-○
氏名○○○○　　　印

　私は、租税特別措置法第70条の6の4第1項の規定の適用を受けるため、特定農地貸付けに関する農地法等の特例に関する法律（以下「特定農地貸付法」という。）第3条第3項の承認（都市農地の貸借の円滑化に関する法律第11条において準用する特定農地貸付法第3条第3項の承認を含む。）を受けた下記の農地について、農園用地貸付けを行ったこと及び当該農園用地貸付けが租税特別措置法第70条の6の4第2項第3号ロに掲げるものである場合は、当該承認の申請書に同号ロに規定する貸付協定が添付されたものであることを証明願います。

記

所 在 地 番	地 目	面 積	租税特別措置法第70条の6の4第2項第3号イからロの該当状況（該当項目に○を記入）		
			イ	ロ	ハ
○○市○○町○○番	畑	2,980 ㎡	○		

承認年月日	貸付けを行った年月日
○○○○ 年 ○○ 月 ○○ 日	○○○○ 年 ○○ 月 ○○ 日

第 ○○ 号

　上記のとおり相違ないことを証明する。

○○○○ 年 ○○ 月 ○○ 日
○○市農業委員会長　○○○○　　　印

（昭51・7・7　51構改B1254　様式22号）

○農園用地貸付けを行った旨の証明書（所有者自らが特定農地貸
　付法により市民農園を開設した場合。「相続税の納税猶予の認
　定都市農地貸付け等に関する届出書」添付書類）

様式22号（第2の1の(36)関係）

農園用地貸付けを行った旨の証明書

証　明　願

○○○○ 年 ○○ 月 ○○ 日

○○市農業委員会長　殿

申請者　　住所 ○○県○○市○○町○-○
氏名 ○○○○　　　　　印

　私は、租税特別措置法第70条の6の4第1項の規定の適用を受けるため、特定農地貸付けに関する農地法等の特例に関する法律（以下「特定農地貸付法」という。）第3条第3項の承認（都市農地の貸借の円滑化に関する法律第11条において準用する特定農地貸付法第3条第3項の承認を含む。）を受けた下記の農地について、農園用地貸付けを行ったこと及び当該農園用地貸付けが租税特別措置法第70条の6の4第2項第3号ロに掲げるものである場合は、当該承認の申請書に同号ロに規定する貸付協定が添付されたものであることを証明願います。

記

所 在 地 番	地 目	面 積	租税特別措置法第70条の6の4第2項第3号イからロの該当状況 （該当項目に○を記入）		
			イ	ロ	ハ
○○市○○町○○番	畑	2,980 ㎡		○	

承認年月日	貸付けを行った年月日
○○○○ 年 ○○ 月 ○○ 日	○○○○ 年 ○○ 月 ○○ 日

第　　　号

　上記のとおり相違ないことを証明する。

○○○○ 年 ○○ 月 ○○ 日
○○市農業委員会長　○○○○　　印

（昭51・7・7　51構改B1254　様式22号）

○農園用地貸付けを行った旨の証明書（所有者自らが市民農園整備促進法により市民農園を開設した場合。「相続税の納税猶予の認定都市農地貸付け等に関する届出書」添付書類）

様式45号（第2の2の(39)関係）

農園用地貸付けを行った旨の証明書

証　明　願

○○○○年 ○○ 月 ○○ 日

　　○○市町村長　殿

申請者　住所○○県○○市○○町○-○
　　　　氏名○○○○　　　印

　私は、租税特別措置法第70条の6の4第1項の規定の適用を受けるため、市民農園整備促進法第7条第1項又は第5項の規定による認定を受けた下記の農地について、農園用地貸付けを行ったこと及び当該農園用地貸付けが租税特別措置法第70条の6の4第2項第3号ロに掲げるものである場合は、同号ロに規定する貸付協定を当該貸付都市農地等の所在地の市町村と締結していることを証明願います。

記

所　在　地　番	地　目	面　積	租税特別措置法第70条の6の4第2項第3号イからロの該当状況（該当項目に○を記入）		
			イ	ロ	ハ
○○市○○町○○番	畑	2,980 ㎡		○	
認定年月日			貸付けを行った年月日		
○○○○ 年○○月○○日			○○○○ 年○○月○○日		

第 ○○ 号

　上記のとおり相違ないことを証明する。

○○○○ 年○○月○○日
○○市町村長　○○○○　　印

（昭51・7・7　51構改B1254　様式45号）

○農園用地貸付けを行った旨の証明書（農地を所有していない第
　三者が特定都市農地貸付法により市民農園を開設した場合。
　「相続税の納税猶予の認定都市農地貸付け等に関する届出書」
　添付書類）

様式22号（第2の1の(36)関係）

農園用地貸付けを行った旨の証明書

証　明　願

○○○○年○○月○○日

　○○市 農業委員会長　　殿

申請者　　住所○○市○○町○－○
　　　　　氏名○○○○　　　　印

　　私は、租税特別措置法第70条の6の4第1項の規定の適用を受けるため、特定農地
貸付けに関する農地法等の特例に関する法律（以下「特定農地貸付法」という。）第
3条第3項の承認（都市農地の貸借の円滑化に関する法律第11条において準用する特
定農地貸付法第3条第3項の承認を含む。）を受けた下記の農地について、農園用地
貸付けを行ったこと及び当該農園用地貸付けが租税特別措置法第70条の6の4第2項
第3号ロに掲げるものである場合は、当該承認の申請書に同号ロに規定する貸付協定
が添付されたものであることを証明願います。

記

所 在 地 番	地 目	面 積	租税特別措置法第70条の6の4第2項第3号イからロの該当状況（該当項目に○を記入）		
			イ	ロ	ハ
○○○○	畑	2,610 ㎡			○

承認年月日	貸付けを行った年月日
○○○○年○○月○○日	○○○○年○○月○○日

第 ○○ 号

　上記のとおり相違ないことを証明する。

○○○○年○○月○○日
○○市 農業委員会長　○○○○　印

（昭51・7・7　51構改B1254　様式22号）

○相続税の納税猶予の認定都市農地貸付け等に関する届出書

相続税の納税猶予の認定都市農地貸付け等に関する届出書

税務署
受付印

平成○○年○○月○○日

※欄は記入しないでください。

_____税務署長

〒○○○-○○○○

届出者　住所（居所）　○○県○○市○○町○-○

氏　名　○○○○　㊞

（電話番号　○○○-○○○-○○○○）

相税特別措置法第70条の6の4第2項　第2号　に規定する　認定都市農地貸付け
第3号　　　　　　　農園用地貸付け　を行った下記の
特例農地等については同条第1項の規定の適用を受けたいので、同項の規定により届け出ます。

1　被相続人等に関する事項

被相続人	住所（居所）	○○県○○市○○町○-○	氏　名	○○○○

届出者が被相続人から特例農地等を相続（遺贈）により取得した年月日	昭和 平成 ○○年 ○○月 ○○日

2　認定都市農地貸付け等に関する事項

（注）下記の(3)の貸付けを行った場合、①欄及び③欄の記載は不要であり、②欄には「相税特別措置法第70条の6の4第2項第3号ロの貸付規程に基づく最初の貸付けの年月日」を記載して下さい。

①借り受けた者	住所（居所）又は本店（主たる事務所）の所在地	○○県○○市○○町○-○	氏名又は名称	○○市長 ○○○○

②認定都市農地貸付け等を行った年月日	平成○○年○○月○○日	③賃借権等の存続期間	自：平成○○年○○月○○日 至：平成○○年○○月○○日

上記の貸付けは、次の貸付けにより行いました。（該当する番号を○で囲んでください。）

【認定都市農地貸付け】
(1)　都市農地の貸借の円滑化に関する法律に規定する認定事業計画に基づく貸付け

【農園用地貸付け】
②　特定農地貸付けに関する農地法等の特例に関する法律（以下「特定農地貸付法」といいます。）の規定により地方公共団体又は農業協同組合が行う特定農地貸付けの用に供されるための貸付け
(3)　特定農地貸付法の規定により農業相続人が行う特定農地貸付け（その者が所有する農地で行うものであって、一定の貸付協定を市町村と締結しているものに限ります。）
(4)　都市農地の貸借の円滑化に関する法律の規定により地方公共団体及び農業協同組合以外の者が行う特定都市農地貸付けの用に供されるための貸付け
□　上記の(2)～(4)の貸付けが市民農園整備促進法の規定による認定に係るものである場合（該当する場合には、チェックを入れてください。）

上記の認定都市農地貸付け等を行った特例農地等の明細は、付表1のとおりです。

3　平成30年8月31日以前の相続（遺贈）について納税猶予の適用を受けている農業相続人（相続（遺贈）により取得した日において特例農地のうちに都市営農農地等を有しない農業相続人に限ります。）が有する特例農地等に関する事項

農業相続人が有する特例農地等の取得をした日における当該特例農地等の区分は、付表2の1、同2の2及び同2の3のとおりです。

関与税理士	○○○○　㊞	電話番号	○○○-○○○○-○○○○

※	通信日付印の年月日 年　月　日	確認印	整理簿番号

（資12-130-1-A4統一）（平30.9）

認定都市農地貸付け等に関する届出書　付表1		届出者氏名	○○○○

認定都市農地貸付け等を行った特例農地等の明細は、次のとおりです。

番号	所　在　場　所	地　目	面　積
	○○市○○町○○番	畑	2,980 ㎡

(資12－130－2－A4統一)

付表2の1〜2の3　〔略〕

（国税庁ウェブサイト）

○引き続き認定都市農地貸付け等を行っている旨の証明書（「相続税の納税猶予の継続届出書」添付書類）

様式21号（第2の1の(26)関係）

引き続き認定都市農地貸付け等を行っている旨の証明書

証　明　願

令和○○年○○月○○日

○○農業委員会長　殿

　　　　　申請者　　住所　○○県○○市○○町○−○

　　　　　　　　　　氏名　○○○○　　印

　私は、租税特別措置法第70条の6第1項の規定の適用を受ける農地等について、同法第70条の6の4第1項の規定の適用を受ける　認定都市農地貸付け（農園用地貸付け）を下記の期間引き続き行っていることを証明願います。

記

　引き続き　認定都市農地貸付け（農園用地貸付け）を行っている期間

　令和○○年○○月○○日から令和○○年○○月○○日まで

第○○○号

　上記のとおり相違ないことを証明する。

令和○○年○○月○○日

○○農業委員会長　○○○○　印

（昭51・7・7　51構改B1254　様式21号）

○農業の用に供した旨の証明書（貸付都市農地等。市民農園を開
　設していた農地が返還され所有者自ら耕作する場合。「賃借権
　等の消滅等があった貸付都市農地等を自己の農業の用に供し
　た旨の届出書」添付書類）

様式24号（第2の1の(37)関係）
　　　農業の用に供した旨の証明書（貸付都市農地等）

証　明　願

令和○○年○○月○○日

○○農業委員会長　　殿

申請者　　住所○○県○○市○○町○－○
　　　　　氏名○○○○　　印

私は、租税特別措置法

第70条の6の4第3項において
準用する同法第70条の4の2第
3項又は第5項

第70条の6の4第4項又は第6項
で準用する同法第70条の4の2
第3項又は第5項

の規定の適

用を受けるため、同法第70条の6の4条第1項の規定の適用を受ける下記
の　認定都市農地貸付農地　について、私の行う農業の用に供している
　　農園用地貸付農地
ことを証明願います。

記

所　在　地　番	地　目	面　積
○○県○○市○○町○－○	畑	○○○○m²
耕作の放棄（租税特別措置法第70条の6の4第3項の認定の取消しを含む。）、権利消滅又は同条第5項各号のいずれかに該当することとなった年月日	農業の用に供した年月日	
令和○○年○○月○○日	令和○○年○○月○○日	

第○○○号
　上記のとおり相違ないことを証明する。
　　　　　　令和○○年○○月○○日
　　　　　　○○農業委員会長　　○○○○　印

（昭51・7・7　51構改 B 1254　様式24号）

○貸付申込書（農園用地貸付け。返還された農地で特定農地貸付
　法による市民農園の開設を希望する場合。「賃借権等の消滅等
　があった貸付都市農地等に係る新たな認定都市農地貸付け等
　に関する承認申請書」添付書類）

様式23号（第2の1の(36)関係）

貸付申込書（農園用地貸付け）

令和○○年○○月○○日

○○農業委員会長　殿

申請者　　　住所○○県○○市○○町○－○

氏名○○○○　印

　租税特別措置法第70条の6の4第1項の規定の適用を受ける下記の農
地について、農園用地貸付けを希望しておりますので、申し込みます。

記

所在地番	地目	面　積	摘　　要 （希望する借賃、賃貸期間等）
○○県○○市 ○○町○－○	畑	○,○○○m²	希望する借賃 1,000m²当たり10,000円 賃貸期間 5年間

（昭51・7・7　51構改B1254　様式23号）

○貸付申込書（認定都市農地貸付け等。返還された農地で市民農
　園整備促進法による市民農園の開設、若しくは都市農地貸借円
　滑化法による貸付けを希望する場合。「賃借権等の消滅等があ
　った貸付都市農地等に係る新たな認定都市農地貸付け等に関
　する承認申請書」添付書類）

様式46号　（第2の2の(38)及び(39)関係）

貸付申込書（認定都市農地貸付け等）

令和〇〇年〇〇月〇〇日

〇〇市町村長　殿

申請者　　住所〇〇県〇〇市〇〇町〇－〇
氏名〇〇〇〇　印

　租税特別措置法第70条の6の4第1項の規定の適用を受ける下記の農
地について、　認定都市農地貸付け／農園用地貸付け　を希望しておりますので、申し
込みます。

記

所在地番	地目	面　積	租税特別措置法第70条の6の4第2項第2号又は第3号イからロの該当状況（該当項目に〇を記入）			
			2号	3号イ	3号ロ	3号ハ
〇〇県〇〇市〇〇町〇－〇	畑	〇,〇〇〇m²				〇

（昭51・7・7　51構改B1254　様式46号）

○賃借権等の消滅等があった貸付都市農地等を自己の農業の用に供した旨の届出書

平成○○年○○月○○日

_____○○_____ 税務署長

〒○○○－○○○○

届出者　住所（居所）　○○県○○市○○町○－○

　　　　氏　名　_____○○　○○_____㊞

　　　　（電話番号　　○○－○○○○－○○○○　）

　租税特別措置法第70条の6の4第2項第3号に規定する認定都市農地貸付け・農園用地貸付けを行った下記の特例農地等については、平成○○年○○月○○日に※1 賃借権等の消滅があり、平成○○年○○月○○日に自己の農業の用に供し、同条第※2 4項の規定の適用を受けますので、同項の規定により届け出ます。

1　被相続人等に関する事項

被相続人	住所（居所）	○○県○○市○○町○－○	氏　名	○○　○○
届出者が被相続人から農地等を相続（遺贈）により取得した年月日			昭和・平成	○○年○○月○○日

2　賃借権等の消滅等があった貸付都市農地等の従前の借り受けていた者等に関する事項

（注）租税特別措置法第70条の6の4第2項第3号ロの貸付けを行っていた場合、①欄及び③欄の記載は不要であり、②欄には「租税特別措置法第70条の6の4第2項第3号ロの貸付規程に基づく最初の貸付けの年月日」を記載して下さい。

①借り受けていた者	住所（居所）又は本店（主たる事務所）の所在地	○○県○○市○○町○－○	氏名又は名称	○○　○○
②認定都市農地貸付け等を行った年月日	平成○○年○○月○○日	③賃借権等の存続期間	自：平成○○年○○月○○日 至：平成○○年○○月○○日	

存続期間の満了前に賃借権等の消滅がありました。その事情は次のとおりです。（存続期間の満了前に賃借権等の消滅があった場合に記載してください。）

（事情の詳細）

上記の賃借権等の消滅等があった日において、賃借権等の消滅等があった認定都市農地貸付け等を行っていた特例農地等の明細は、付表のとおりです。

3　自己の農業の用に供した特例農地等に関する事項

賃借権等の消滅等があった認定都市農地貸付け等を行っていた特例農地等のうち自己の農業の用に供した特例農地等の明細は、付表のとおりです。

※1及び※2の箇所については、裏面を参照して記載してください。

関与税理士	○○　○○	印	電話番号	○○－○○○○－○○○○

※	通信日付印の年月日	確認印	整理簿番号
	年　月　日		

（資 12－132－1－A4統一）　（平30.12）

（国税庁ウェブサイト）

○賃借権等の消滅等があった貸付都市農地等について新たな認定都市農地貸付け等を行った旨の届出書

（国税庁ウェブサイト）

○賃借権等の消滅等があった貸付都市農地等に係る新たな認定都市農地貸付け等に関する承認申請書

（税務署受付印）

平成〇〇年〇〇月〇〇日

＿＿＿＿＿＿＿＿　〇〇　税務署長

〒〇〇〇—〇〇〇〇
申請者　住所（居所）　〇〇県〇〇市〇〇町〇—〇
　　　　氏　名　＿＿＿〇〇　〇〇＿＿＿㊞
　　　　（電話番号　〇〇—〇〇〇〇—〇〇〇〇　）

※欄は記入しないでください。

租税特別措置法第70条の6の4第2項第2号 認定都市農地貸付け／第3号 農園用地貸付け に規定する を行った下記の特例農地等については、平成〇〇年〇〇月〇〇日に賃借権等の消滅があり、同日から1年以内に新たな認定都市農地貸付け等を行う見込みです。ついては、同条第4項の規定の適用を受けたいので、租税特別措置法施行令第40条の7の4第5項の規定により承認申請します。

1　被相続人等に関する事項

被相続人	住所（居所）	〇〇県〇〇市〇〇町〇—〇	氏　名	〇〇　〇〇

届出者が被相続人から農地等を相続（遺贈）により取得した年月日　昭和・平成　〇〇年〇〇月〇〇日

2　賃借権等の消滅等があった貸付都市農地等の従前の借り受けていた者等に関する事項

（注）下記の(3)の貸付けを行っていた場合、①欄及び③欄の記載は不要であり、②欄には「租税特別措置法第70条の6の4第2項第3号口の貸付規程に基づく最初の貸付けの年月日」を記載して下さい。

①借り受けていた者	住所（居所）又は本店（主たる事務所）の所在地	〇〇県〇〇市〇〇町〇—〇	氏名又は名称	〇〇　〇〇
②認定都市農地貸付け等を行った年月日		平成〇〇年〇〇月〇〇日	③賃借権等の存続期間	自：平成〇〇年〇〇月〇〇日　至：平成〇〇年〇〇月〇〇日

存続期間の満了前に賃借権等の消滅がありました。その事情は次のとおりです。（存続期間の満了前に賃借権等の消滅があった場合に記載してください。）
（事情の詳細）

上記の賃借権等の消滅等があった日において、賃借権等の消滅等があった認定都市農地貸付け等を行っていた特例農地等の明細は、付表のとおりです。

3　新たな認定都市農地貸付け等を行う見込みに関する事項

新たな認定都市農地貸付け等を行う予定年月日（特例農地等ごとに貸付けを行う予定年月日が異なる場合には特例農地等ごとに付表に記載してください。）	平成〇〇年〇〇月〇〇日

賃借権等の消滅等があった日から2月以内に認定都市農地貸付け等ができない事情
（事情）借り手の借り受け希望日が〇〇か月後のため

上記の賃借権等の消滅等があった日において、賃借権等の消滅等があった認定都市農地貸付け等を行っていた特例農地等のうちこの承認申請により承認の申請を行う特例農地等の明細は、付表のとおりです。

上記の貸付けは、次の貸付けにより貸付先を探しています。（該当する番号の全てを○で囲んでください。）
【認定都市農地貸付け】
(1)　都市農地の貸借の円滑化に関する法律に規定する認定事業計画に基づく貸付け
【農園用地貸付け】
②　特定農地貸付けに関する農地法等の特例に関する法律（以下「特定農地貸付法」といいます。）の規定により地方公共団体又は農業協同組合が行う特定農地貸付けの用に供されるための貸付け
(3)　特定農地貸付法の規定により農業相続人が行う特定農地貸付け（その者が所有する農地で行うものであって、一定の貸付協定を市町村と締結しているものに限ります。）
(4)　都市農地の貸借の円滑化に関する法律の規定により地方公共団体及び農業協同組合以外の者が行う特定都市農地貸付けの用に供されるための貸付け
□　上記の(2)～(4)の貸付けが市民農園整備促進法の規定による認定に係るものである場合（該当する場合には、チェックを入れてください。）

※1及び※2の箇所については、裏面を参照して記載してください。

関与税理士	〇〇　〇〇　㊞	電話番号	〇〇—〇〇〇〇—〇〇〇〇

	通信日付印の年月日	確認印	整理簿番号
※	年　月　日		

（資12-133-1-A4統一）（平30.12）

（国税庁ウェブサイト）

生産緑地を市民農園として提供している企業が
破産した場合の留意点は

　　農地所有者自身が開設者になっているのか、市民農
園サービスを提供している企業が開設者になっている
のかにより法律関係が異なりますので、まずは市民農
園開設者を把握する必要があります。

　農地所有者自身が開設者になっている場合、市民農園サービス
を提供している企業が破産したとしても、これまで同様の市民農
園サービスを市民農園利用者へ提供する義務を免れない点に留意
します。

　企業が開設者となっている場合、農地所有者は、市民農園開設
者である企業が破産したことで貸付協定に決めた管理運営義務を
違反したとして当該企業との賃貸借契約を解除することが考えら
れます。

解　説

1　市民農園の運営形態

　市民農園には、根拠法として市民農園整備促進法によるもの、特定
農地貸付法に基づくもの、特定農地貸付法を準用した都市農地貸借円
滑化法に基づくもの、農園利用者に賃借権等の使用収益権の設定等を
伴わずに農地所有者等が農作業の一部を利用者に担わせ農作業を体験
させる農園利用方式（特別法の定めはありません。）によるものに分類
することができます。

　また、市民農園の開設者には、農地所有者が開設する場合、地方公共団体が開設する場合、農業協同組合が開設する場合、企業やNPOといった第三者が開設する場合に分類することができます。

　これらをまとめると、市民農園は、根拠法と開設主体により下表のように分類できます。

　本設問では、企業等が開設者となっている特定都市農地貸付けと、農園利用方式で農地所有者自らが開設者となっているが集客や利用者の管理等を企業へ委託しているケースに絞って解説しています。

		開設主体			
		所有者等	企業等	地方公共団体	農業協同組合
根拠法	市民農園整備促進法	○	△	○	○
	特定農地貸付法	○	△	○	○
	都市農地貸借円滑化法		★		
	なし（農園利用方式）	★			

★：本設問が想定するパターン

2　農園利用方式

　農園利用方式による場合、農地所有者自身が市民農園利用者と直接利用契約を締結しています。

　この場合、市民農園サービスを提供する企業は、農地所有者との間で、利用者の募集や代金の回収等の事務について委任型の業務委託契約を締結しているにすぎず、市民農園利用者との間には法律関係がありません。

　農地所有者は、市民農園サービスを提供する受託企業が破産し、事業を継続できなくなったとしても、市民農園利用者との間の法律関係には影響がないことから、従来同様の市民農園サービスを利用者へ提供する必要があります。

　市民農園利用者が破産後に市民農園サービスを提供する企業へ支払ってしまうと、農地所有者は代金を回収できなくなってしまうおそれがあります。

　委任契約の場合、受任者が破産手続開始決定を受けたことが契約終了事由となっています（民653一）。そのため、市民農園サービスを提供する受託企業が破産した場合には、当該企業との業務委託契約は終了したことを市民農園利用者に対し通知し、代金の支払先を農地所有者への直接払いに変更する旨を通知しておくことが重要です。

3　特定都市農地貸付け（第三者開設）

　特定都市農地貸付けでなく、特定市街化区域農地以外の農地の特定農地貸付けでは、農地所有者から地方公共団体等が借り入れ、当該地方公共団体等が開設企業に貸す流れとなります。

　しかしながら、特定都市農地貸付けで市民農園サービスを提供する企業が開設者となっている場合、開設企業と農地所有者との間で直接農地の賃貸借契約及び貸付協定が締結されます。

　そして、市民農園利用者は、開設企業との間で特定農地貸付けに係る契約を締結し、農地所有者との間には直接的な契約関係が存在しないのが通常です。

　開設企業が破産し、特定貸付農地の適切な管理及び運営の確保に関する義務に違反したといった貸付協定に違反がある場合には、貸付協定を解除することが考えられます。また、農業委員会は、貸付規程に従って特定農地貸付けを行っていないと認めるときは特定農地貸付け

の承認を取り消すことができます（特定農地貸付令4③）。

　農地所有者と開設企業の間の賃貸借契約が解除された場合でも、市民農園利用者と開設企業の間の契約は別個のものですので、市民農園利用者が農地所有者に農地の使用収益を求めることは認められません。もっとも、貸付協定が、特定貸付けを廃止するとき市民農園利用者の利用の継続ができるように他の市民農園を斡旋することを開設者の義務としていることに鑑みて、農地所有者や地方公共団体等は、市民農園利用者が引き続き市民農園を利用できるように努めておくことが望まれます。

　可能であれば企業が市民農園を開設しようと計画した段階から、農地所有者との契約や貸付協定において、開設企業の事業継続を担保するための条項や事業継続に疑義が生じた場合の取扱い等を定めておくことが望まれます。

6　2022年問題と特定生産緑地制度

Q25	2022年問題とは

A　三大都市圏の特定市の市街化区域の農地は、1992（平成4）年に生産緑地に指定するかしないかの選択を迫られました。その生産緑地の買取申出ができる時期（指定告示から30年目を迎える年）が2022（令和4）年であり、現在存在する全国の生産緑地の約8割が2022（令和4）年に30年目を迎えるといわれていることから、2022年問題と呼ばれています。

解　　説

　三大都市圏の特定市の市街化区域の農地は、1992（平成4）年に生産緑地に指定するかしないかの選択を迫られました。

　それ以後、新たに特定市になった市町村も含め、全国で生産緑地の指定が進められてきましたが、現在存在する全国の生産緑地の約8割が1992（平成4）年に指定された生産緑地だといわれています。

　生産緑地の行為制限の解除につながる、市町村長への生産緑地の買取申出についてはQ8で解説していますが、買取申出ができる事由の一つに、指定告示より30年を経過したときがあります（生産緑地10①）。1992（平成4）年に指定した生産緑地が30年目を迎える年が2022年であり、理論上は、現在存在する生産緑地の約8割が、市町村等に買い取られない限り、開発が可能な土地になるということになります。

　これにより、都市の緑の喪失のみならず地価の暴落や無秩序な都市計画・都市開発等の社会問題を引き起こしかねないと懸念されることから2022年問題と呼ばれています。

　この2022年問題の解決に向け、2018（平成30）年4月1日に特定生産緑地制度が施行されました（Q26参照）。

特定生産緑地とは

　　特定生産緑地制度とは、生産緑地の買取申出ができる日（指定告示から30年を経過する日。以下「申出基準日」といいます。）の到来前に、買取申出ができる期限を所有者等の申請により10年延長する制度です（第一種生産緑地は対象外となります。）。

解　説

1　特定生産緑地制度

　特定生産緑地制度とは、近く申出基準日を迎える生産緑地について、10年間申出基準日を延長し、その間、税制のメリットなど従前の生産緑地と同様の適用が受けられる制度です。なお、生産緑地であることが前提の制度となります。

　特定生産緑地は、生産緑地の申出基準日以後においても、その保全を確実に行うことが良好な都市環境の形成を図る上で特に有効であると市町村長に認められるものが指定を受けることができます。特定生産緑地の指定の期限は、当初の生産緑地の申出基準日から起算して10年を経過する日です（生産緑地10の2②）。10年の特定生産緑地の申出基準日が到来する前に、さらに10年ごとの指定の期限の延長が可能です（生産緑地10の3①）。

2　特定生産緑地への指定の効果

　特定生産緑地は、従前の生産緑地と同じように行為制限がありますので、宅地への転用などはできません（生産緑地8①）。

　特定生産緑地に指定されると、固定資産税は従前のとおり農地評価・農地課税のままとなります。1991（平成3）年1月1日現在の三大都市圏の特定市の市街化区域の農地では、申出基準日以降に発生した相続については、特定生産緑地を相続しない限り、新たに相続税納税猶予制度の適用を受けることができません（平12・12・28都計発92　Ⅳ－2－1　Ⅱ）　　D　20　9(6)③①）。

　また、特定生産緑地の指定を受けず、申出基準日を過ぎた生産緑地では、段階的に固定資産税が引き上げられ、5年後には、生産緑地の指定を受けていない市街化区域の農地（宅地化農地）と同額の固定資産税となります（地税附則19の3）。

3　特定生産緑地の指定手続

　特定生産緑地は、生産緑地の申出基準日が到来する前に市町村長による指定の公示がなされなければなりません（生産緑地10の2②④）。いつから指定の申請が可能かについての法律上の定めはなく、既に特定生産緑地の指定を行っている市町村もあります。

　申請には、利害関係人（※）の同意等を得ることが必要で（相続税納税猶予制度の適用を受けるために設定した財務省による抵当権については市町村が同意の手続きを行います。）、市町村は申請受付後に、都市計画審議会を経て、指定の公示又は指定しない旨の通知を行います（生産緑地10の2②～④、平12・12・28都計発92　Ⅳ－2－1　Ⅱ）　　D　20　7(2)④第一段落）。

　※利害関係人とは

　　所有権、対抗要件を備えた地上権若しくは賃借権又は登記した永小作権、先取特権、質権若しくは抵当権を有する者及びこれらの権利に関する仮登記若しくは差押えの登記又は農地等に関する買戻しの特約の登記の登記名義人（生産緑地3④）

＜特定生産緑地指定の例＞

※平成5年以降に生産緑地の追加指定をした所有者農地も指定する前に特定生産緑地の指定が必要です。所有するそれぞれの事の特定生産緑地がいつ指定を受けたかについては生産緑地のある市町村の都市計画担当課等までお問い合わせください。

生産緑地 指定告示　平成4年10月
相続の発生 相続税納税猶予制度の適用　平成20年4月
申出基準日 指定告示から30年　2022年10月（令和4年10月）
次の相続の発生
指定告示から40年

所有者（先代）先代（父親）
所有者 現所有者
所有者 次世代（子）

生産緑地（固定資産税は農地並み）
特定生産緑地（固定資産税は農地並み）
特定生産緑地に指定していないと（固定資産税は農地並み）

※生産緑地の指定を受ける（先代）

※新制度　都市農地貸借円滑化法により生産緑地を農業者等に貸し付けても相続税納税猶予制度の適用は継続されます

相続税納税猶予制度（終身適用）の適用
相続税納税猶予制度（終身適用）の適用を受ける

※特定生産緑地の指定を受ける

（注）×申出基準日以降は新たに特定生産緑地の指定ができない。×固定資産税が段階的に（5年間）で宅地並み農地の課税に・従来の生産緑地納税猶予制度は継続・生産緑地の買取申出は自由となるが相続税納税猶予制度は継続できない

固定資産税の措置

相続税納税猶予制度適用の継続

買取申出可
賃地の転用

特定生産緑地（固定資産税は農地並み）

特定生産緑地に指定しなければ特定生産緑地は解除

特定生産緑地に指定していないと
（注）※新たに相続税納税猶予制度の適用が受けられない（不可）※平成31年1月1日現在で三大都市圏の特定市以外は可

相続税納税猶予制度（終身適用）の適用

以後10年ごとに指定

※買取申出について　主たる従事者の死亡・故障による買取申出は可。買取申出すると従来の制度は打ち切り。

▶宅地化農地を生産緑地に追加指定する場合　今後とも指示（告示）から30年後に買取申出が可能となる従来の制度の適用

▶第1種生産緑地は、2018年の改正の対象となっていないことから従来の制度からの変更はなし　事由がずいつでも生産緑地の買取申出が可能　相続の際は相続税納税猶予制度の適用が可

（一般社団法人東京都農業会議リーフレットをもとに作成）

【参考書式】

○特定生産緑地指定申請書兼同意書

令和○○年○○月○○日

○○市長　殿

申請者	住　所	○○県○○市○○町○-○
	氏　名	○○○○
	連絡先	○○○-○○○-○○○○

特定生産緑地指定申請書兼同意書

特定生産緑地への指定について、農地等利害関係人の同意を取得した上、以下のとおり希望します。

1　特定生産緑地希望の有無記入欄

申請番号	生産緑地地区番号	所在	地積㎡	猶予	生産緑地指定日	申出基準日	特定生産緑地指定指定希望の有無
1	234	○○○○○○	2,300	○	平成4年10月1日	2022年10月1日	指定・指定しない
2							指定・指定しない
3							指定・指定しない
4							指定・指定しない
17							指定・指定しない
18							指定・指定しない
19							指定・指定しない
20							指定・指定しない

2　農地等利害関係人の同意

申請番号	権利種別	住所・氏名	押印（実印）
1	所有権・抵当権 他（　　　）	住所：○○県○○市○○町○－○ 氏名：○○○○	
	所有権・抵当権 他（　　　）		
	所有権・抵当権 他（　　　）		
	所有権・抵当権 他（　　　）		
	所有権・抵当権 他（　　　）		

3　添付書類
　・土地登記簿謄本（全部事項証明書）
　・公図の写し
　・案内図

4　提出先
　○○市都市計画課

Q27　特定生産緑地の指定に当たっての留意点は

A　特定生産緑地の指定を受けるためには、市町村長への申請が必要で、生産緑地地区の指定が告示された日から起算して30年を経過する日（申出基準日）までに指定を受けることが必要です。これを過ぎてからの指定はできません。現在の生産緑地の多くは1992（平成4）年に指定されており、2022（令和4）年に申出基準日が到来しますので、すぐにでも生産緑地の指定の状況等の確認が必要です。

解　説

1　指定の「申請」が必要

　特定生産緑地の指定を受けたい場合には、その生産緑地の所在する市町村長に「申請」をしなければなりません（市町村によって、指定の「希望」など表現は異なりますが、いずれも所有者側から特定生産緑地の指定を受けたい旨の意思の表明が必要です。）（生産緑地10の2③、平12・12・28都計発92　Ⅳ−2−1　Ⅱ）　D　20　7(2)②参照）。生産緑地の所有者には、市町村より特定生産緑地の指定を希望するかの意向確認がなされますので、指定を希望する場合には、指定の申請手続に入ります。

2　特定生産緑地の指定ができる期間

　特定生産緑地は、生産緑地地区の指定が告示された日から起算して30年を経過する日（申出基準日）までに指定を受けることが必要です

（生産緑地10の2②・10①）。これを過ぎてから指定はできません。まずは、市町村での申請受付の最終期限等を必ず確認してください。

3　指定対象か否かの確認

　自己の所有する農地が、生産緑地の指定を受けているのか、受けている場合には、いつ指定を受けた（告示された）のか、所有する全ての筆について、市町村役所（場）の都市計画を所管する部署に確認をすることが大切です。

　また、相続税納税猶予制度の適用を受けている農地は、特定生産緑地に指定されなければ、固定資産税が上昇する中で営農を続けることになります。納税猶予を受ける際の条件が20年営農であり免除が近い、又は、自ら制度を打ち切り猶予税額と利子税を税務署に納める予定がある等でない限り、特定生産緑地制度の適用を受けた方が賢明であると考えられます。このため、所有する生産緑地の全ての筆について、農業委員会や所管税務署に納税猶予制度の適用の有無について確認をすることが必要です。

4　利害関係人の同意

　特定生産緑地への指定は、その生産緑地（農地）の利害関係人の同意が必要となります（生産緑地10の2③）。農地の利害関係人とは、その農地について、「所有権、対抗要件を備えた地上権、若しくは賃借権又は登記した永小作権、先取特権、質権若しくは抵当権を有する者及びこれらの権利に関する仮登記若しくは差押えの登記又は農地等に関する買戻しの特約の登記の登記名義人」をいいます（生産緑地3④）。

　所有権者には、共有持分権者も含まれます。特定生産緑地の指定を受ける前に相続が発生した場合、指定の手続時点で遺産分割が終わっていない場合には、その生産緑地については相続による共有状態にあ

るので（民896・898）、全ての相続人の同意が必要になります。

　また、その生産緑地を賃貸借で貸し付けている場合には借主の同意が必要になりますし、担保に供し抵当権が設定されている場合にはその抵当権者の同意が必要になります。

　ただし、相続税の納税猶予の適用を受けるための担保として、その生産緑地に所管税務署長名義の抵当権が設定されている場合は、市町村が一括して税務署長に同意を得る運用となっていますので、個別に同意を得る必要はありません（平12・12・28都計発92　Ⅳ－2－1　Ⅱ）　D20　7(2)④第一段落）。

5　指定の基準

　特定生産緑地の指定に当たっては、全国統一の基準はなく、各市町村がその実情を踏まえて指定するか否かを判断することになります。特定生産緑地は「その保全を確実に行うことが良好な都市環境の形成を図る上で特に有効であると認められるもの」（生産緑地10の2①）について指定がなされるものです。特定生産緑地の指定の申請をした場合であっても、農地が適正に管理されていないなどを理由に、指定がなされない可能性も否定はできません。

Q28 　特定生産緑地指定を受ける場合と受けない場合
の税制上の相違は

A 　特定生産緑地指定を受ける場合、これまでの生産緑
地制度と同様の取扱いを継続することになります。
　　　特定生産緑地指定を受けない場合、固定資産税等
は、5年間の激変緩和措置期間を経て、宅地と同水準の固定資産税
負担まで負担が増加することになります。
　特定生産緑地指定を受けない場合、当該農地は都市営農農地か
ら外れてしまいます。そのため、新たに相続税納税猶予制度の適
用を受けることができなくなります。

解　説

1　固定資産税における相違点

　農地に係る固定資産税は、評価と課税について一般宅地と比較して
優遇されている状況にあります。特定生産緑地指定を受ける場合と受
けない場合で固定資産税では評価と課税の両面で大きな差異が生じる
ことになります。

　農地の固定資産評価については、Q9に解説がありますのでそちら
を参照ください。

　生産緑地指定を受けている場合、市街化区域農地であっても、市街
化区域外の農地と同様に農地評価・農地課税を前提とした低額な固定
資産税負担となっています。

　特定生産緑地指定を受ける場合、従前の生産緑地の取扱いと同様に
農地評価・農地課税による低額な固定資産税負担が継続します。

　しかしながら、特定生産緑地指定を受けなかった場合には、宅地並評価・宅地並課税を前提にした固定資産税負担が発生します。

　固定資産税は、遊休資産化していて収益を稼得できていない場合であっても、課税対象資産を保有しているだけで課税される地方税です。

　そのため、申出基準日から少なくとも10年間は当該農地を保有することが確実に見込まれる場合には特定生産緑地指定を受けておくことが税務上有利になります。

2　固定資産税の激変緩和措置

　特定生産緑地指定を受けないことで、宅地並評価・宅地並課税を前提とした固定資産税が課税されることになりますが、それまで生産緑地指定を受けていたときの負担額から急激に負担が増加すると、急速な宅地化・農地の減少といった事態が想定されます。

　急激な負担増加を緩和して急速な宅地化・農地の減少を抑制するため、固定資産税の激変緩和措置がとられます。

　激変緩和措置は、固定資産税の課税標準額に対し、初年度：0.2、2年目：0.4、3年目：0.6、4年目：0.8の軽減率を乗じる措置であり、これによって5年間で段階的に宅地並評価・宅地並課税の固定資産税まで上昇させることで急激な税負担の増加を緩和することができます。

3　三大都市圏の特定市における市街化区域農地の分類

　三大都市圏の特定市における市街化区域農地は、特定市街化区域農地と都市営農農地に分類されます。

　都市営農農地は、三大都市圏の特定市における市街化区域農地であって、都市計画法上の生産緑地地区か田園住居地域にある農地です（租特70の4②四）。なお、生産緑地地区内農地であっても、申出基準日までに特定生産緑地の指定がされなかったものや申出基準日までに特定生

産緑地指定の期限延長がされなかったものは都市営農農地から除外されています（租特70の4②四）。

　そして、都市営農農地を除く三大都市圏の特定市における市街化区域農地が特定市街化区域農地に分類されます（租特70の4②三）。

　これをまとめると下記のようになります。

市街化区域農地	特定市街化区域農地	
	都市営農農地	生産緑地（特定生産緑地）
		田園住居地域

4　相続税納税猶予制度の対象農地

　相続税納税猶予制度の対象農地から、特定市街化区域農地は除外されています（租特70の6①）。

　特定生産緑地の指定がされなかった農地や申出基準日までに特定生産緑地指定の期限延長がされなかった農地は、特定市街化区域農地として取り扱われます。他方、特定生産緑地指定を受けた場合には、都市営農農地として取り扱われ、特定市街化区域農地にならないことになります。

　そのため、特定生産緑地指定を受けた場合には相続税納税猶予制度の対象農地となり、特定生産緑地指定を受けなかった場合には相続税納税猶予制度の対象農地とならないという差異が生じることになります。

5　現在納税猶予を受けている相続税額の取扱い

　納税猶予を受けた特例農地を譲渡したり、特例農地に係る農業経営を廃止した場合、納税猶予を受けていた相続税額の納付期限が確定し猶予相続税額を納税しなければならないことになります（租特70の6①）。

　特定生産緑地の指定がされなかったことや、申出基準日までに特定生産緑地指定の期限延長がされなかったことは、納税猶予の期限確定事由とされていません。そのため、特定生産緑地の指定がされなかったことや、申出基準日までに特定生産緑地指定の期限延長がされなかったことをもって現在納税猶予を受けている相続税額の納付期限が確定し、猶予相続税額を納税しなければならないことにはなりません。

　納付期限の確定事由の点で、現在納税猶予を受けている現世代における猶予相続税額の取扱いは、特定生産緑地指定を受けた場合と受けなかった場合に差異はありません。

特定生産緑地の提案制度とは

 　　　特定生産緑地の提案制度とは、生産緑地法10条の4
　　　に規定され、「生産緑地の所有者は、申出基準日が近く
　　　　到来することとなる生産緑地で、申出基準日以降にお
いてもその保全を確実に行うことが良好な都市環境の形成を図る
上で特に有効等と思料するときは、市町村長に対し、当該生産緑
地を特定生産緑地の指定することを提案することができる」（要
旨）と定められた制度です。

解　説

　特定生産緑地の提案書は下記により提出するものとされています
（生産緑地則8）。

　特定生産緑地の指定の提案を行おうとする者は、氏名及び住所並び
に当該提案に係る生産緑地の所在地及び提案の理由を記載した提案書
に次に掲げる図書を添えて、市町村長に提出しなくてはなりません。

①　当該生産緑地の区域を示す縮尺2,500分の1以上の図面

②　利害関係人の同意を得たことを証する書類

　本制度については、市町村長による特定生産緑地の指定の受付がさ
れないとき等のために定められた規定であると考えられ、原則、制度
活用がされることはない、又は僅かであると考えられます。

7　その他

 相続税納税猶予制度の適用が受けられる農地と
みなす農業用施設等は

　相続税納税猶予制度の適用が受けられる農地は、農
地法上の農地に限られますが、農地としてみなす農業
用施設等が法令や通知等に定められており、該当する
施設等は、原則、相続税納税猶予制度の適用を受けることができ
ると解せます。

解　説

　農地とみなす農業用施設等については、まず「施設園芸用地等の取
扱いについて（回答）」（平14・4・1　13経営6953）により通知がされてい
る「農地にあたるもの」及び「その農地の農作物の栽培のために必要
不可欠な通路等」があります。

　また、農業委員会に事前に届出をし、設置された農作物栽培高度化
施設（Q31参照）の用に供する土地についても農地法上の農地として
みなされることから、相続税納税猶予制度の適用が可能です。

　ただし、農作物栽培高度化施設については、要件に該当する施設で
あっても、農業委員会に事前に届け出て受理書が交付された後に設置
した施設以外は「農地に該当しない」取扱いとなり、相続税納税猶予
制度の適用を受けることができないので注意が必要です。

　また、農地に農業用施設を設置するときは、①農地とみなされる施
設か、②農地転用に当たる施設か自ら判断することは難しいと考えら

れることから、施設を設置する前に農業委員会に事前相談することが
肝要です。

（参考）

施設園芸用地等の取扱いについて

（平14・4・1　13経営6953
経営局構造改善課長から地
方農政局生産経営部長あて）

　神奈川県環境農政部長から別添1の照会があり、別添2のとおり回答し
たので、お知らせします。

　なお、貴局管内都府県に貴職から周知をお願いします。

別添1

施設園芸用地等の取扱いについて（照会）

（平14・3・13　農地581
神奈川県環境農政部長から農林
水産省経営局構造改善課長あて）

　最近、県下各地において、農地に温室等を設置し、花き、野菜等の作
物が盛んに栽培されています。これらの中には直接地面を耕作しない栽
培形態も多数採り入れられ、これらの用地や栽培に必要な設備を設置す
る用地の取扱いについて、租税特別措置法に規定する相続税・贈与税の
納税猶予制度の適用に関連し、農地法上の農地の判断につき下記事項に
疑問がありますので、御教示願います。

記

1　農地に形質変更を加えず、棚、農作物の栽培用資材等を設置して農
　作物の栽培を行っている土地
　　農地をコンクリートで地固めする等の形質変更を加えることなく、
　次に掲げる利用形態により、農作物の栽培の用に供されている場合に
　は、引き続き農地として取り扱ってよろしいか。
　①　農地に鉢、ポット等を置くための棚等を設置し、農作物を栽培す
　　る場合
　②　農地をシート等で被覆し、農作物を栽培する場合

2　その農地の農作物の栽培のために設置することが必要不可欠な通路等の用地

　　その農地における農作業上必要な通路及び進入路、堆肥・養土置き場、温室等における栽培に必要なボイラー、重油タンク、液肥調整用タンク等を設置する場合（これらの設置に必要な舗装が施されている場合を含む）については、当該土地全体を農地として取り扱ってよろしいか。

別添2

　　　　　施設園芸用地等の取扱いについて（回答）

> 平14・4・1　13経営6953
> 農林水産省経営局構造改善課長
> から神奈川県環境農政部長あて

　平成14年3月13日付け農地第581号をもって照会のあったことについて、下記のとおり回答します。

記

1　農地に形質変更を加えず、棚、農作物の栽培用資材等を設置して農作物の栽培を行っている土地（別紙1参照）

　　農地に形質変更を加えず、棚の設置やシートの敷設など、いつでも農地を耕作できる状態を保ったままで、その棚やシートの上で農作物を栽培している土地は、引き続き農地法上の農地として取り扱って差し支えない。

　なお、農地をコンクリート等で地固めし、農地に形質変更を加えたものは、農地に該当しない。（ただし、2に該当するものを除く。）

2　その農地の農作物の栽培のために設置することが必要不可欠な通路等の用地（別紙2参照）

　　その農地の農作物の栽培のため、その農地に通路、進入路、機械・設備等を設置している用地部分は、当該部分が農作物の栽培に通常必要不可欠なものであり、その農地から独立して他用途への利用または取引の対象となり得ると認められるものでないときは、当該部分も含めて全体を農地として取り扱って差し支えない。

（別紙1）
1 農地にあたるもの

説　　　　明	概　　念　　図
（例） ア　温室等を建築した場合でも、その敷地を直接耕作の目的に利用し、農作物を栽培している場合	土
イ　ビニール等比較的簡易な資材を敷設し、砂、礫等を入れて礫耕栽培等を行っている場合のように、土地と一体をなすとみられるような状態で農作物を栽培している場合	ビニール等 礫等
ウ　農地の形質変更行為を行わずに、鉢、ビニールポット、水耕栽培等を行う場合（簡易な棚の設置、シート等の敷設等を行って栽培を行う場合を含む。）	棚 ロックウール等 シート

2　農地にあたらないもの

説　　　　明	概　　念　　図
（例） ア　農業用施設の敷地をコンクリート等 　で地固めする場合 イ　コンクリート等を敷地に埋設する場 　合	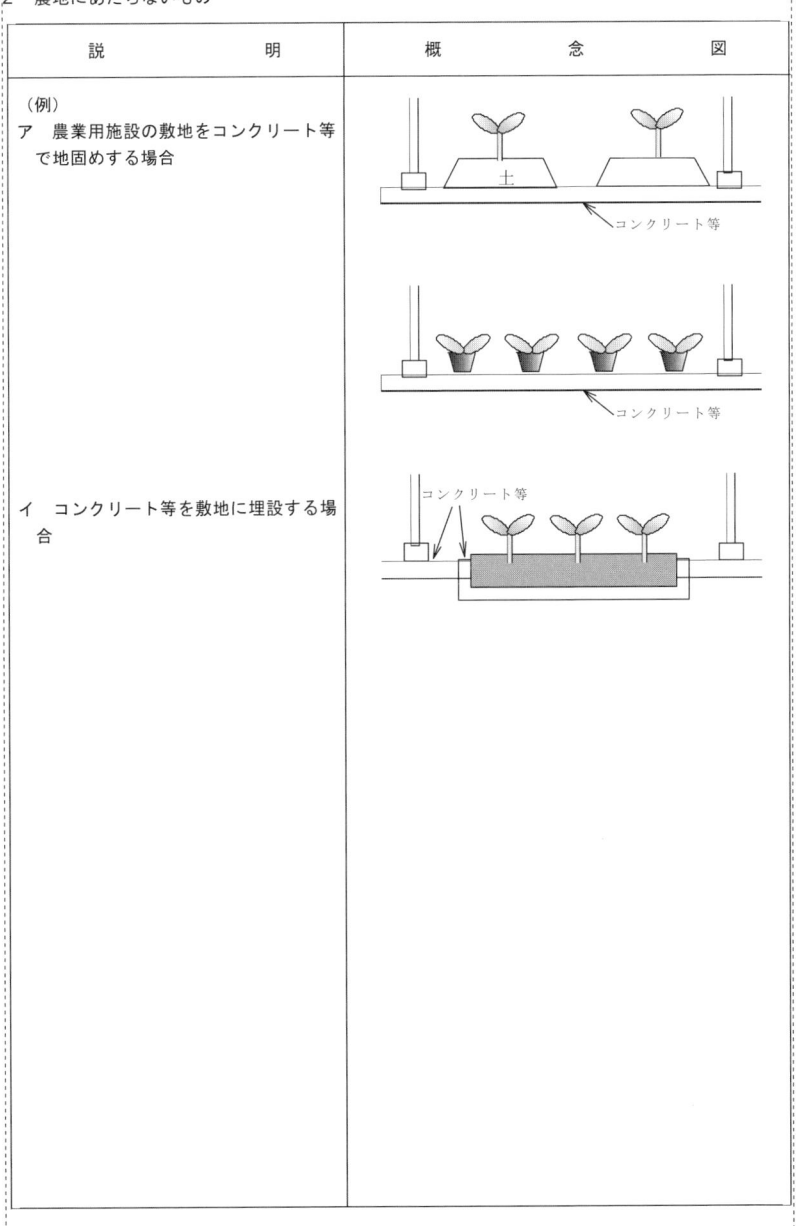

（別紙２）

1　その農地の農作物の栽培のために必要不可欠な通路等
　　（全体を農地として取り扱うもの）

説　　明	概　　念　　図
（例） ア　その農地にお 　け る 農 作 業 上 必 　要な舗装された 　通路及び進入路 イ　その農地にお 　ける農作物の栽 　培に用いる堆肥 　・養土の置き場 ウ　温室等におけ 　る農作物の栽培 　のために通常必 　要不可欠な機材 　・設備の設置場 　所 注：当該部分がそ 　の農地の農作物 　の栽培に通常必 　要不可欠なのも 　のであり、当該 　農地から独立し 　て他用途への利 　用又は取引の対 　象とならないも 　の	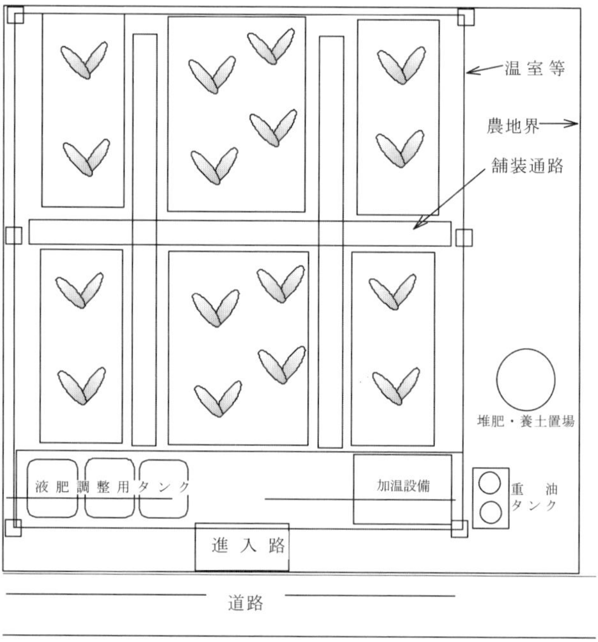 温室等 農地界→ 舗装通路 堆肥・養土置場 液肥調整用タンク　加温設備　重油タンク 進　入　路 道路

2　農地と認められない部分を含む場合

説　　明	概　　念　　図
（例） ・農地と認められない部分 ア　その農地における農作物の栽培に通常必要と認められる規模を超える機材・設備の用地 イ　事務所、倉庫、直売所等農作物の栽培に通常必要不可欠といえないもの ウ　これらに附帯する土地 注：これらの部分は、その農地の農作物の栽培に通常必要不可欠なのものとは言えず、当該農地から独立して他用途への利用又は取引の対象となり得ると認められる。	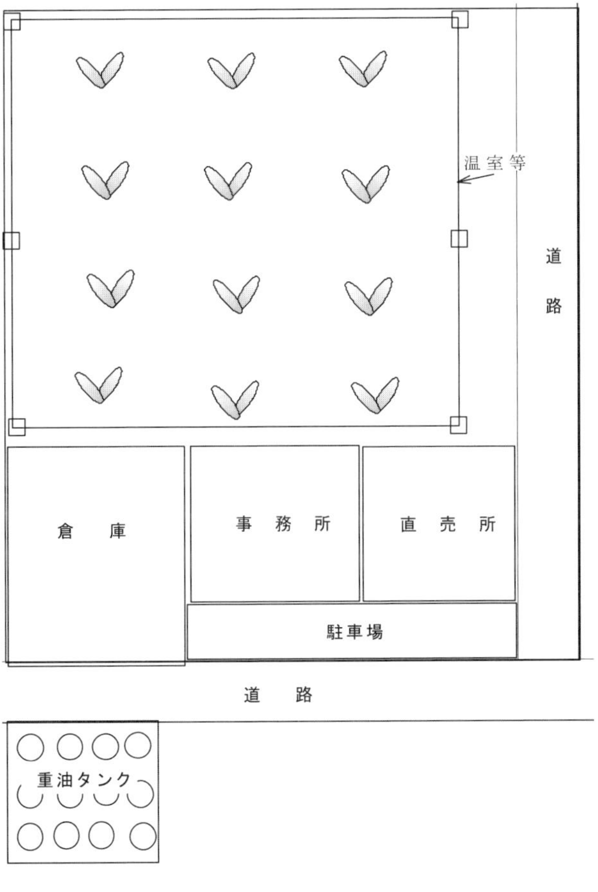

農作物栽培高度化施設を設置する場合の手続と留意点は

 農作物栽培高度化施設とは、2018（平成30）年11月16日の農地法の一部改正の施行により規定された農地として取り扱う農業用施設等をいいます。

　農地に農作物栽培高度化施設を設置しようとするときは、事前に農業委員会に、営農計画書等を添付し農地法43条1項の規定による届出を行う必要があります。

　農作物栽培高度化施設は法令上の要件を満たす施設であることが必要です。

　また、設置には留意点があります。

解　説

1　農作物栽培高度化施設の要件

　農作物栽培高度化施設は、以下の要件の全てを満たすことが必要です。

① 専ら農作物の栽培の用に供する施設であること（農地則88の3一）

② 周辺の農地に係る日照に影響を及ぼすおそれがないものとして、以下の全ての要件を満たすこと（農地則88の3二イ、平30・11・20　30経営1796　第2)

　　㋐ 棟高8m以内、軒高6m以内であること

　　㋑ 階数が1階建てであること

　　㋒ 透過性のない被覆材で覆う農業用施設であるときは、春分の日及び秋分の日の午前8時から午後4時までの間に周辺農地に2時間以上の日影を生じさせないものであること

＜日影の基準（屋根又は壁面を透過性のないもので覆う場合）＞

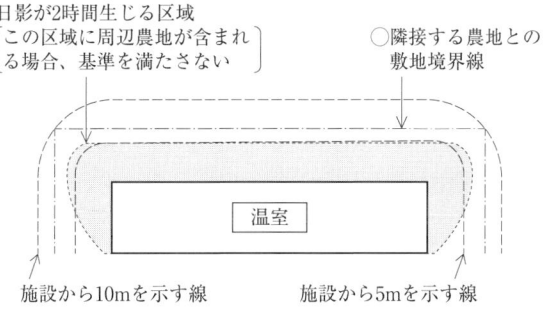

○日影が2時間生じる区域
［この区域に周辺農地が含まれる場合、基準を満たさない］

○隣接する農地との敷地境界線

施設から10mを示す線　　　施設から5mを示す線

温室

施設の軒の高さ	敷地境界線から当該施設までの距離
2m以内	2m
2m超え　3m以内	2.5m
3m超え　4m以内	3.5m
4m超え　5m以内	4m
5m超え　6m以内	5m

（農林水産省ウェブサイトをもとに作成）

＜「高さ」の基準＞

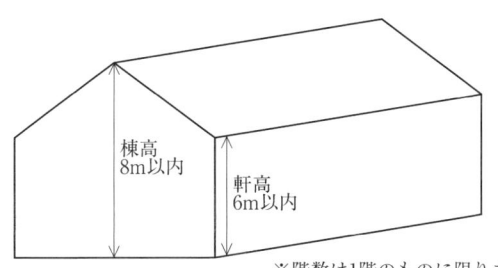

棟高
8m以内

軒高
6m以内

※階数は1階のものに限ります。

棟高が8m以内、軒高が6m以内（おおむね30cm以下の基礎を施工する場合は、その基礎の上部からそれぞれ8m以内、6m以内）

（農林水産省ウェブサイトをもとに作成）

③　施設から排水する場合は当該放流先の管理者の同意があること

（農地則88の3二ロ）（後掲排水放流同意書参照）

④　周辺農地に係る営農条件に著しい支障が生じないように必要な措
　置が講じられていること（農地則88の3二ロ）

　　例：土砂の流出による周辺農地への影響が想定される場合は、そ
　れを防止する擁壁の設置など

　　また、周辺農地に著しい支障が生じた場合には適切な是正措置を
　講ずる旨の同意書を提出します（平30・11・20　30経営1796　第2）。

⑤　農作物栽培高度化施設の設置に必要な行政庁の許認可等を受けて
　いること又は受ける見込みであること（農地則88の3三）

　　例：都市計画法に基づく開発許可等

⑥　借り受けている農地に農作物栽培高度化施設を設置しようとする
　ときは、当該農地の所有権を有する者の同意があったこと（農地則88
　の3五）

　　該当の場合、農業委員会への届出の際に同意書を添付します（平
　30・11・20　30経営1796　第3）。

2　営農計画書の添付

　当該施設が「専ら農作物の栽培の用に供されるものであることを担
保する」ため、農業委員会への届出の際にその施設での営農計画書を
添付します（平30・11・20　30経営1796　第2）。

3　留意点

（1）　既に底面をコンクリ敷き等にしている農業用施設は本制度の
　　　対象外となる

　過去に農地転用等を行い既に設置されている農業用施設は、たとえ
農作物栽培高度化施設の要件を満たしているものであっても、農地法
43条2項に規定する農作物栽培高度化施設に該当しません。

（2）　農業委員会に届出書を提出し、受理通知書が交付されるまで
　　　は設置行為に着手できない

　農業委員会に届出をし、受理通知書が交付されるまでは、農作物栽
培高度化施設の設置行為に着手することはできません。なお、農業委

員会は、届出書の到達があった日から2週間以内に届出者に受理書が
到達するよう事務処理を進めることとなっています（平30・11・20　30経
営1796　第3）。

　(3)　設置後は、農作物栽培高度化施設であることの標識の設置等
　　　を行う

　設置した農業用施設が農作物栽培高度化施設であることを明らかに
するために、以下の要件を満たす標識を設置することが必要です（農
地則88の3四、平30・11・20　30経営1796　第2）。

①　敷地に設置されている施設が農作物栽培高度化施設であることを
　表示すること

②　耐久性を持つ素材で作成されたものであり、敷地外から目視によ
　って記載されている内容を確認できる大きさの標識であること

　(4)　設置後に、農作物栽培高度化施設で農作物の栽培が行われな
　　　い等のときは無断転用等の扱いとなる

　農業委員会が実施する農地利用状況調査等により、①当該施設で農
作物の栽培が行われていない、②農作物の栽培を行う面積が、当該営
農計画書に記載されたものからおおむね2割以上縮小している等の場
合は、農業委員会が勧告（農地44）等をし、一定期間（6か月以内）後も、
改善されない場合は、疾病等一時的に耕作ができない等のやむを得な
い場合を除き、無断転用の扱いとなるので注意が必要です（平30・11・
20　30経営1796　第4）。

　なお、農作物栽培高度化施設を設置した後に、当該施設内の営農計
画を変更する場合は、改めて農業委員会に営農計画書を提出します。

　(5)　農作物栽培高度化施設について、相続税等納税猶予制度の適
　　　用を受けようとするときは、適格者証明書に農業委員会の発行す
　　　る証明書を添付する

　農作物栽培高度化施設は、相続税等納税猶予制度の適用を受けるこ
とができます。制度の適用を受けるときは、適格者証明書に農業委員
会が発行する農作物栽培高度化施設の用に供されているものである旨
の証明書を添付します。

【参考書式】
○農地法第43条第1項の規定による届出書

様式例第1号

農地法第43条第1項の規定による届出書
（農作物栽培高度化施設の底面をコンクリート等で覆うための届出）

令和○○年○○月○○日

○○市 農業委員会会長　　殿

住所 ○○県○○市○○町○－○
氏名 ○○○○　　　　　　　　　印

　下記のとおり農地に農作物栽培高度化施設を設置し、その底面をコンクリート等で覆いたいので、農地法第43条第1項の規定により届け出ます。

記

1	届出者の住所	○○県○○市○○町○－○							
2	土地の所在等	土地の所在	地番	地目		面積	土地所有者		耕作者	
				登記簿	現況		氏名	住所	氏名	住所
		○○県○○市○○町	○○番地	畑	畑	2,200㎡	○○○○	○○県○○市○○町○－○	○○○○	○○県○○市○○町○－○
						㎡				
		計			2,200 ㎡（田　　　㎡ 畑　2,200 ㎡）					
3	施設の面積等	施設の面積等	施設の面積	858 ㎡						
			施設の棟高	6 m						
			施設の軒高	4 m						
			周辺農地から施設までの距離	東側の農地からの距離	20 m					
				西側の農地からの距離	20 m					
				北側の農地からの距離	10 m					
				南側の農地からの距離	3 m					
			施設の被覆材	素材の名称	ポリオレフィン系フィルム					
				光を透過する素材か	透過する・透過しない					
			施設の構造	鉄骨パイプハウス （階数：1 階 ）						
		施設の設置に係る工事の時期等	工事着工時期	○○○○ 年 ○○ 月						
			工事完了時期	○○○○ 年 ○○ 月						
			栽培開始時期	○○○○ 年 ○○ 月						
4	施設を設置することによって生ずる周辺農地への被害の防除措置の概要	日照や騒音等の影響がないよう、対策として、隣接する農地との一定の距離をとり施設を設置する。また、排水溝を設置し、土砂や水の流出を防ぐ処置を施す。台風などの自然災害時に施設が倒壊等をし、施設の一部が他の農地に侵入しないよう、パイプを一般的な基準より強固なものとする対策を施す。								
5	施設の設置に必要な行政庁の許認可等	許認可等の名称	－	－	－					
		許認可等の申請の有無	－	－	－					
		許認可等の時期	－	－	－					
		許認可等の担当部局	－	－	－					

6　届出に当たり同意する事項	☑　私は、届出に係る施設において農作物の栽培が行われていない場合や、農作物の栽培が適正に行われていないと認められる場合において、農業委員会からその是正について指導を受けたときは、施設の改築その他の適切な是正措置を講ずることについて同意します。 ☑　私は、届出に係る施設の設置によって周辺農地に係る日照に影響を及ぼす場合や、当該施設から生ずる排水の放流先の機能に支障を及ぼす場合など、周辺農地に係る営農条件に支障が生じた場合において、農業委員会からその是正について指導を受けたときは、適切な是正措置を講ずることについて同意します。
7　法人の場合業務の内容	
8　備考	

（平30・11・20　30経営1796　様式例第1号）

○農地法施行規則第88条の2第2項第5号に規定する営農に関する計画

様式例第2号

農地法施行規則第88条の2第2項第5号に規定する営農に関する計画

令和〇〇年〇〇月〇〇日

1　届出に係る土地の所在等

土地の所在	地　番	面　積
〇〇県〇〇市〇〇町	〇〇番地	2,200 ㎡
		㎡
計		2,200 ㎡

2　施設における営農に関する計画等

(1) 施設内において栽培する農作物の作目及び栽培方法	作目	中玉トマト											
	栽培方法	環境制御による養液栽培											
	栽培面積	734 ㎡											
(2) 施設内で栽培する農作物の生産量及び販売量	年間生産量	80 t											
	年間販売量	60 t											
	主たる販売先	市場80％・量販店15％・直売所5％											
(3) 年間の農作物の栽培計画	月	1月	2月	3月	4月	5月	6月	7月	8月	9月	10月	11月	12月
	内容	収穫 管理 販売 →			→							収穫 管理 販売 →	
(4) 施設の設置に係る資金調達の計画	自己資金	補助金		その他		合計			補助事業の名称及び担当部局				
	5,000 千円	千円		12,000 千円		17,000 千円							
(5) 施設の排水を排出する河川等	河川等の名称	〇〇河川											
	河川等管理者	〇〇用排水路管理者　〇〇〇〇											

（平30・11・20　30経営1796　様式例第2号）

○同意書

様式例第3号

同　意　書

令和○○年○○月○○日

住所　○○県○○市○○町○○－○

氏名　　○○　○○　　印

　私は、所有権又は使用及び収益を目的とする権利を有する土地に、農地法第43条第1項に規定される農作物栽培高度化施設が設置されることについて、下記のとおり同意します。

記

1　届出に係る土地の所在等

土地の所在	地　番	面　積	権利の種類
○○県○○市○○町	○○番地	○.○○○m²	賃借権
計		○.○○○m²	

2　届出に当たり同意する事項

　私は、届出に係る土地に農地法第43条第1項に規定する農作物栽培高度化施設が設置されることについて、以下の【留意事項】を承知した上で、同意します。

【留意事項】以下の記載事項を確認した上で、□をチェックしてください。

☑①　農作物栽培高度化施設が設置された後、当該施設において農作物の栽培が行われないことが確実となった場合、当該土地は違反転用状態になるとともに、当該土地の所有者においては、法第2条の2の規定に基づき、農地の農業上の適正かつ効率的な利用を確保するようにしなければならないこと、また、遊休農地に関する措置の対象になり得ること。

☑②　①に関して、賃借人が撤退した場合の混乱を防止するため、

　ア　土地を明け渡す際の原状回復の義務は誰にあるか

　イ　原状回復の費用は誰が負担するか

　ウ　原状回復がなされないときの損害賠償の取り決めがあるか

　エ　貸借期間の中途の契約終了時における違約金支払いの取り決めがあるか

について、土地の賃貸借契約において明記することが適当であること。

（平30・11・20　30経営1796　様式例第3号）

○排水放流同意書

排水放流同意書

令和〇〇 年〇〇月〇〇日

〇〇河川・〇〇用排水路管理者
〇〇〇〇　　　様

申 請 者　住　所　〇〇県〇〇市〇〇町〇−〇
　　　　　氏　名 〇〇〇〇　　　　印

　農地法第43条第2項に規定する農作物栽培高度化施設の設置に伴い発生する汚水及び排水を下記放流先に放流することについて、同意願いたく申請いたします。
　今回の排水放流により放流先の機能に支障を及ぼさず、その他周辺の農地に係る営農条件に支障が生じないように致します。

　申請地　〇〇市

　放流先　〇〇河川・〇〇用排水路

　上記の排水放流について同意します。

〇〇河川・〇〇用排水路管理者

〇〇〇〇　印

○農作物栽培高度化施設の用に供されているものである旨の証明書

様式2号（第2の1の(1)関係）
　農作物栽培高度化施設の用に供されているものである旨の証明書

証　明　願

令和○○年○○月○○日

○○農業委員会長　殿

　　　　　住所　○○県○○市○○町○○－○
　　　　　氏名　○○　○○　印

租税特別措置法施行規則
- 第23条の7第3項第6号イ
- 第23条の7第20項第3号
- 第23条の7第23項第2号
- 第23条の7第24項第2号
- 第23条の7第25項第2号
- 第23条の7第42項第2号
- （第23条の8第3項第8号イ）
- 第23条の8第15項において準用する
  　第23条の7第20項第3号
- 第23条の8第18項において準用する
  　第23条の7第23項第2号
- 第23条の8第19項において準用する
  　第23条の7第24項第2号
- 第23条の8第20項において準用する
  　第23条の7第25項第2号
- 第23条の8第32項第2号

の

規定により、下記の土地が、農地法第43条第2項に規定する農作物栽培高度化施設の用に供されているものであることを証明願います。

農作物栽培高度化施設の用に供されている土地の明細

所在地番	地目	面　積	農地法第43条第1項の規定による届出の受理通知日
○○県○○市○○町○○番地	○○	○,○○○m²	令和○○年○○月○○日

第　　号

　上記の土地が、農地法第43条第2項に規定する農作物栽培高度化施設の用に供されているものであることを証明する。

　　　　　　　令和○○年○○月○○日
　　　　　　　○○農業委員会長　○○○○　印

（昭51・7・7　51構改B1254　様式2号）

市街化区域の農地を転用するに当たっての農地法の手続は

 　市街化区域での農地転用のうち、農地所有者が自ら行う自己転用は、農地法4条に基づく届出、権利設定を伴う転用は農地法5条に基づく届出を行います。

市街化区域での農地転用には留意点があります。

解　説

1　農地転用の手続

　転用する農地のある市町村の農業委員会に、農地法4条又は5条の届出をします（農地4①八・5①七）。

　受理通知書は原則2週間以内に交付され、受理通知書が交付されるまでは、転用事業に着手できません（平21・12・11　21経営4608・21農振1599）。

　届出書は、市町村の農業委員会にあります。最近では、当該農地のある市町村のウェブサイト（農業委員会のウェブサイト）に様式が公開されていることがあります。

　添付書類は、①案内図、②公図、③登記事項証明書などと定められています（農地則26一、平21・12・11　21経営4608・21農振1599）。

2　市街化区域での農地転用の留意点

(1)　生産緑地の指定を受けていないか

　生産緑地の農地転用は、農業用施設等に限定されています。生産緑地を住宅用地として農地転用するためには、買取申出をし、行為制限

を解除する必要があります。ただし、買取申出ができる事由は限られています（Q 8 参照）。

　(2)　相続税納税猶予制度の適用を受けていないか

　相続税納税猶予制度の適用を受けている農地の転用行為は、農業用施設等の設置に限られています（Q 15 参照）。

　このため、相続税納税猶予制度の適用を受けている農地を住宅用地として転用した場合には、制度の打切り（期限の確定）となり、転用する面積部分の猶予税額に利子税を付して、2 か月以内に税務署に納付することになります（転用した農地が適用農地の 20％を超えると全ての適用農地が制度の打切りとなります。）（Q 14 参照）。

　(3)　農地を貸し付けていないか

　農地を農地法 3 条の許可等を得て貸し付けている場合は、転用届出をする前に、借受人と貸借を解約する必要があります（農地則 50②二）。賃貸借の解約は、原則、都道府県知事等の許可や合意解約した通知を農業委員会に行う必要があります。詳細については、Q 34 をご参照ください。

　(4)　他の権利が設定されていないか

　区分地上権等の設定されている土地について、民法 269 条の 2 第 1 項は「（権利者は）地上権の行使のためにその土地の使用に制限を加えることができる」と規定しているため、権利者の同意が必要です。

　(5)　開発許可が必要な転用であるか

　都市計画法 29 条 1 項に基づく都道府県知事等の開発許可が必要な転用事業には、許可があったことを証する書面を添付することが必要です。

【参考書式】
○農地法第4条第1項第8号の規定による農地転用届出書

様式例第４号の８

農地法第４条第１項第８号の規定による農地転用届出書

令和○○年　○月　○日

○○農業委員会会長　殿

届出者　　　　○○○○　　　　印

　　下記のとおり農地を転用したいので、農地法第４条第１項第８号の規定により届け出ます。

記

1　届出者の住所等		住　所				職　業			
		○○県○○市○○町○○―○				農業			
2　土地の所在等		土地の所在	地番	地目	面積	土地所有者		耕作者	
				登記簿　現況		氏名　住所		氏名　住所	
		○○県○○市○○町	1234	畑　　畑	100㎡	届出者に同じ		同左	
		計		100㎡（田　　　㎡　畑　　100㎡）					
3　転用計画	転用の目的								
	転用の時期	工事着工時期	令和○○年○月○日						
		工事完了時期	令和○○年○月○日						
	転用の目的に係る事業又は施設の概要		貸駐車場						
4　転用することによって生ずる付近の農地、作物等の被害の防除施設の概要		市街地のため周辺への影響はない。							

（平21・12・11　21経営4608・21農振1599　別紙1　様式例第4号の8）

○農地法第5条第1項第7号の規定による農地転用届出書

様式例第4号の9

農地法第5条第1項第7号の規定による農地転用届出書

〇〇〇〇年　〇月　〇日

〇〇農業委員会会長　殿

譲受人　株式会社〇〇〇〇
　　　　代表取締役　〇〇〇〇　　　　印

譲渡人　〇〇〇〇　外　1名　　　　　印

　下記のとおり転用のため農地（採草放牧地）の権利を設定し（移転）したいので、農地法第5条第1項第7号の規定により届け出ます。

記

1　当事者の住所等	当事者の別	氏　　名	住　　　所	職　業
	譲　受　人	株式会社〇〇〇〇 代表取締役〇〇〇〇	〒〇〇〇—〇〇〇〇 〇〇県〇〇市〇〇町〇〇—〇	建設業
	譲　渡　人	別紙のとおり		

2　土地の所在等	土地の所在	地　番	地　目		面　積	土地所有者		耕　作　者	
			登記簿	現　況		氏　名	住　所	氏　名	住　所
	〇〇市〇〇町	〇番〇号	畑	畑	〇〇	別紙のとおり		同左	
	計			㎡（田　　㎡　畑　　㎡　採草放牧地　　㎡）					

3　権利を設定し又は移転しようとする契約の内容	権利の種類	権利の設定、移転の別	権利の設定、移転の時期	権利の存続期間	その他
	所有権	移転	〇〇〇〇年〇月〇日	永久	

4　転用計画	転用の目的		開発許可を要しない転用行為にあっては都市計画法第29条の該当号
	転用の時期	工事着工時期	令和〇〇年〇月〇日
		工事完了時期	令和〇〇年〇月〇日
	転用の目的に係る事業又は施設の概要	木造　2階建　1棟　〇〇㎡ 上下水より取水　公共下水に排水	

5　転用することによって生ずる付近の農地、作物等の被害の防除施設の概要	周囲は宅地のため、周辺の農業への影響は無い。

（別紙1）　届出書の1の欄　　当事者の住所等

当事者の別	氏　　　名	捺印	住　　　　所	職　業
譲 受 人	株式会社○○○○ 代表取締役　　○○○○		○○県○○市○○町 ○○－○	建設業
譲 渡 人	○○○○		○○県○○市○○町 ○○－○	会社員
譲 渡 人	○○○○		○○県○○市○○町 ○○－○	農業

（別紙2）　届出書の2の欄　　届け出ようとする土地の所在等

譲渡人の氏名	所　　在	地　番	地　目		面　積	土地所有者		耕作者	
			登記簿	現　況		氏　名	住　所	氏　名	住　所
					㎡				
計　　筆		㎡（田		㎡、畑		㎡、採草放牧地		㎡）	

（記載要領）　本表は、（別紙1）の譲渡人の順に名寄せして記載してください。

（平21・12・11　21経営4608・21農振1599　別紙1　様式例第4号の9）

Q33　農地法3条の許可要件は

A　農地の所有権の移転（売買）や貸し借りのために農地法3条の許可を得るには、譲受人（又は借受人）本人及びその世帯員等とで、農地法3条2項各号で規定する主に四つの要件を、原則全て満たす必要があります。

解　説

1　農地法3条の許可要件
原則、主に下記の要件を、全て満たすことが必要です。

① 全部効率利用要件（農地3②一）
　　農地の権利を取得しようとする者又はその世帯員等の耕作に必要な機械の所有の状況や農作業に従事する人数からみて、農地の全てを効率的に利用すると認められること。

② 農作業常時従事要件（農地3②四、平12・6・1　12構改B404）
　　農地の権利を取得しようとする者又はその世帯員等が、農業に常時従事すると認められること（原則、年間150日以上の農作業従事）。

③ 下限面積要件（農地3②五、農地則17）
　　農地の権利を取得しようとする者又はその世帯員等が、権利取得後に、農地の面積の合計が50a以上であること（北海道は、2ha以上）。
　　ただし、農業委員会等が農地法施行規則17条の基準に基づき、別段の下限面積を定めている場合があります。

④ 地域との調和要件（農地3②七）
　　農地の権利を取得しようとする者又はその世帯員等が、権利取得後に行う農業の内容並びに農地の位置及び農地の規模からみて、農地の集団化、農作業の効率化その他周辺の地域における農地の効率

的かつ総合的な利用の確保に支障を生ずるおそれがないと認められ
ること。

　なお、これらの主に四つの要件の全てを満たすことが原則必要です
が、例外規定が設けられています（農地令2）。

2　世帯員等の定義

　農地法3条の許可要件は、譲受人（又は借受人）本人とその世帯員等
とで満たすこととなっています。世帯員等の定義は次のとおりです
（農地2②）。

> 　この法律で「世帯員等」とは、住居及び生計を一にする親族（次に掲
> げる事由により一時的に住居又は生計を異にしている親族を含む。）並
> びに当該親族の行う耕作又は養畜の事業に従事するその他の二親等内の
> 親族をいう。
> 一　疾病又は負傷による療養
> 二　就学
> 三　公選による公職への就任
> 四　その他農林水産省令で定める事由

＜二親等内の親族の範囲＞

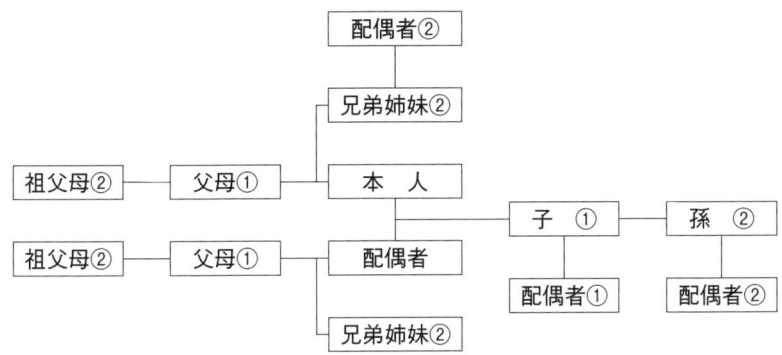

※①は一親等を示す。

　②は二親等を示す。

【参考書式】
○農地法第3条の規定による許可申請書（抜粋）

様式例第1号の1

農地法第3条の規定による許可申請書

○○○○年○○月○○日

○○市農業委員会会長　殿

当事者
　　　　＜譲渡人＞　　　　　　　　　　　　　　　　＜譲受人＞
　　　　　住所　○○県○○市○○町○丁目○番○号　　　住所　○○県○○市○○町○丁目○番○号
　　　　　氏名　○○○○　　　　　　　　　　印　　　　氏名　○○○○　　　　　　　　　　印

下記農地（採草放牧地）について{ 所有権／賃借権／使用貸借による権利／その他使用収益権（　　）} を { 設定（期間○○年間）／移転 }

したいので、農地法第3条第1項に規定する許可を申請します。（該当する内容に○を付けてください。）

記

1　当事者の氏名等

当事者	氏名	年齢	職業	住所
譲渡人	○○○○	○○	農業	○○県○○市○○町○丁目○—○
譲受人	○○○○	○○	農業	○○県○○市○○町○丁目○—○

2　許可を受けようとする土地の所在等（土地の登記事項証明書を添付してください。）

所在・地番	地目（登記簿）	地目（現況）	面積(㎡)	対価、賃料等の額(円)［10a当たりの額］	所有者の氏名又は名称（現所有者の氏名又は名称（登記簿と異なる場合））	所有権以外の使用収益権が設定されている場合（権利の種類、内容）	権利者の氏名又は名称
○○市○○町○○番地	田	田	3,000	3,000,000			
○○市○○町○○番地	畑	畑	2,000	2,000,000			
				1,000,000／10a			

3　権利を設定し、又は移転しようとする契約の内容

1．権利の設定時期	○○○○年○○月○○日
2．土地の引渡しを受ける時期	○○○○年○○月○○日

農地法第3条の規定による許可申請書（別添）

I　一般申請記載事項

＜農地法第3条第2項第1号関係＞

1－1　権利を取得しようとする者又はその世帯員等が所有権等を有する農地及び採草放牧地の利用の状況

所有地		農地面積（㎡）	田	畑	樹園地	採草放牧地面積（㎡）
	自作地	20,000	10,000	10,000		
	貸付地					

所有地		所在・地番	地目		面積（㎡）	状況・理由
			登記簿	現況		
	非耕作地					

所有地以外の土地		農地面積（㎡）	田	畑	樹園地	採草放牧地面積（㎡）
	借入地	30,000	20,000	10,000		
	貸付地					

所有地以外の土地		所在・地番	地目		面積（㎡）	状況・理由
			登記簿	現況		
	非耕作地					

1-2　権利を取得しようとする者又はその世帯員等の機械の所有の状況、農作業に従事する者の
　　数等の状況
(1)　作付(予定)作物、作物別の作付面積

作付(予定)作物	田	畑			樹園地	採草放牧地
	水稲	キャベツ	ダイコン	カブ		
権利取得後の面積(㎡)	33,000	12,000	5,000	5,000		

(2)　大農機具又は家畜

数量＼種類	トラクター	田植機	コンバイン	野菜収穫機	
確保しているもの 所有/リース	30ps1台	6条 1台	6条 1台	一式	
導入予定のもの 所有/リース （資金繰りについて）		1台 （6条）			○○県の補助金を活用して導入

(3)　農作業に従事する者
　　①　権利を取得しようとする者が個人である場合には、その者の農作業経験等の状況
　　　　農作業暦○○年、農業技術修学暦○○年、その他（　　　　　　　　　　　　　）

② 世帯員等その他常時雇用している労働力(人)	現在：	4	(農作業経験の状況：10～30年の農作業経験者　　　　)
	増員予定：	1	(農作業経験の状況：農業大学校の卒業生を採用予定　)
③ 臨時雇用労働力(年間延人数)	現在：	100	(農作業経験の状況：野菜の収穫作業など2～5年の農作業経験者)
	増員予定：		(農作業経験の状況：　　　　　　　　　　　)

　　④　①～③の者の住所地、拠点となる場所等から権利を設定又は移転しようとする土地までの
　　　　平均距離又は時間　15分

＜農地法第3条第2項第2号関係＞（権利を取得しようとする者が農地所有適格法人である場合のみ記載してください。）

2　その法人の構成員等の状況（別紙に記載し、添付してください。）

＜農地法第3条第2項第3号関係＞

3　信託契約の内容（信託の引受けにより権利が取得される場合のみ記載してください。）

＜農地法第3条第2項第4号関係＞（権利を取得しようとする者が個人である場合のみ記載してください。）

4　権利を取得しようとする者又はその世帯員等のその行う耕作又は養畜の事業に必要な農作業への従事状況

　「世帯員等」とは、住居及び生計を一にする親族並びに当該親族の行う耕作又は養畜の事業に従事するその他の2親等内の親族をいいます。

農作業に従事する者の氏名	年齢	主たる職業	権利取得者との関係（本人又は世帯員等）	農作業への年間従事日数	備　考
○○○○	○○	農業	本人	300日	
○○	○○	農業	妻	280日	
○○	○○	農業	子	300日	
○○	○○	農業	子の妻	280日	

＜農地法第3条第2項第5号関係＞

5-1　権利を取得しようとする者又はその世帯員等の権利取得後における経営面積の状況（一般）

　(1)　権利取得後において耕作の事業に供する農地の面積の合計

　（権利を有する農地の面積＋権利を取得しようとする農地の面積）＝　　55,000　　（㎡）

　(2)　権利取得後において耕作又は養畜の事業に供する採草放牧地の面積の合計

　（権利を有する採草放牧地の面積＋権利を取得しようとする採草放牧地の面積）＝　　　　　　　（㎡）

（平21・12・11　21経営4608・21農振1599　別紙1　様式例第1号の1）

Q34　農地法の賃貸借の解約に必要な手続は

 A　農地法3条の許可を得た農地の賃貸借の解約には、原則、農地法18条の都道府県知事等の許可を得て、解約の申入れ等をする必要があります。許可を得るには許可要件に該当しなければなりません。

　賃貸人と賃借人が解約に合意し、農地法18条1項2号の規定に該当すれば、都道府県知事等の許可を要せず、合意解約が可能です。

解　説

1　農地法18条の許可要件

　都道府県知事等の許可を得るためには、許可要件のいずれかに該当する必要があります。

　主な許可要件は、以下のとおりです（農地18②各号、平12・6・1　12構改B 404）。

① 　賃借人が信義に反した行為をしているか

　　賃借人の信義に反した行為とは、例えば、賃借人の借賃の滞納、無断転用、不耕作などが該当します。

② 　その農地を農地以外にすることが相当であるか

　　例えば、賃貸人に具体的な転用計画があり、転用許可が見込まれ、賃借人の経営及び生計状況や離作条件等からみて賃貸借契約を終了させることが相当と認められる場合が該当します。

③ 　賃借人の生計、賃貸人の経営能力を考慮し、賃貸人がその農地を

耕作することが相当であるか

　賃貸借の解約により、賃借人の生活の維持が困難とならないか、賃貸人が自ら農業経営を行うことが賃貸人の労働力、技術、施設等の点から確実と認められる場合が該当します。

④　農地中間管理機構との協議の勧告がされたか

　利用意向調査の結果、農地中間管理機構との協議を勧告された場合が該当します。

⑤　その他正当な事由があるか

　賃借人が農地を適正かつ効率的に利用していない場合などが該当します。

　なお、期間の定めのない賃貸借では、解約の申入れの翌日から起算して1年後に賃貸借が終了しますが（民617①一）、収穫期の場合はその収穫期が終了し、次の耕作の着手前に解約の申入れを行わなければならず（民617②）、その時点から1年後に賃貸借が終了します。

　また、期間の定めのある賃貸借を解約するには、原則、期間満了の1年前から6か月前までに賃貸借の更新拒絶の通知をする必要があります（通知をしない場合は賃貸借は自動的に更新されます。）。この更新拒絶の通知を行うには、上記と同様の許可要件に該当し都道府県知事等の許可を受けることが必要です。

　許可申請の一般的な手続は、解約を希望する農地のある市町村の農業委員会に、許可申請書を提出します（農地令22①）。許可申請書の提出は、解約の申入れ、賃貸借の更新をしない旨等の通知をする日の3か月前までに行う必要があります（農地則64②）。

　農地法18条の許可申請書は、市町村の農業委員会にあります。最近では、当該農地のある市町村のウェブサイト（農業委員会のウェブサ

イト）に様式が公開されていることがあります。

　添付書類は、一般的には登記事項証明書（全部事項証明書に限ります。）などになります（農地則64③）。

2　農地法18条1項2号に基づく合意解約

　農地法18条1項2号は、賃貸借の合意解約について「その合意が賃貸借の解約により農地を引き渡すこととなる期限前の6か月以内に成立した合意で、その旨が書面において明らか」である場合には、都道府県知事等の許可を要せず、合意解約が可能であると定めています。

　農地法18条1項2号の合意解約をした場合、解約の翌日から30日以内に農業委員会に合意解約した旨の通知をする必要があります（農地18⑥）。

　添付書類は、一般的には登記事項証明書（全部事項証明書に限ります。）、解約について合意が成立したことを証する書面などになります（農地則68）。

【参考書式】
○農地法第18条第1項の規定による許可申請書

様式例第9号の3

農地法第18条第1項の規定による許可申請書

〇〇〇〇年 〇〇月 〇〇日

都道府県知事
（指定都市の長）　殿

申請者　住所 〇〇県〇〇市〇〇町〇－〇
　　　　氏名 〇〇〇〇　　　　　印

　下記土地について賃借権の〇〇をしたいので、農地法第18条第1項の規定により許可を申請します。

記

1　賃貸借の当事者の氏名等

当事者	氏　名	住　所	備　考
賃貸人	〇〇〇〇	〇〇県〇〇市〇〇町〇－〇	
賃借人	〇〇〇〇	〇〇県〇〇市〇〇町〇－〇	

2　許可を受けようとする土地の所在等

所在・地番	地目 登記簿	現況	面積(㎡)	利用状況	耕作（利用）年数
〇〇県〇〇市 〇〇町〇〇番地 〇〇町〇〇番地	田 畑	田 畑	2,500㎡ 2,500㎡	水田 畑	30年 20年

3　賃貸借契約の内容　別紙賃貸借契約書写しのとおり
4　賃貸借の〇〇（※）をしようとする事由の詳細 賃借人の不耕作のため
5　賃貸借の〇〇（※）をしようとする日〇〇〇〇年 〇〇月 〇〇日
6　土地の引渡しを受けようとする時期〇〇〇〇年 〇〇月 〇〇日
7　賃借人の生計（経営）の状況及び賃貸人の経営能力
　(1) 土地の状況

	農地の面積									採草放牧地の面積			備　考	
	自作地			借入地			貸付地			貸付地以外の所有地	借入地	貸付地		
	田	畑	計	田	畑	計	田	畑	計					
賃貸人	500	200	700				6	4	10				山林 宅地	a 1000㎡
賃借人	100	50	150	25	25	50							山林 宅地	a 550㎡

(2) 土地以外の資産状況

項目		賃　　貸　　人				賃　　借　　人			
所有大農機具の種類とその数量	種類	トラクター50ps	田植機6条	コンバイン6条	野菜収穫機	トラクター20ps	田植機4条	コンバイン4条	野菜収穫機
	数量	1台	1台	1台	一式	1台	1台	1台	一式
飼養家畜の種類とその頭羽数	種類								
	数量								
そ　　の　　他									
固定資産税額		○○○○○円				○○○○○円			
市町村民税の所得決定額		○○○○○円				○○○○○円			

(3) 世帯員等（構成員）の状況

世帯員等（構成員）（15歳以上のもの）氏名	性別	年令	農業従事者	農業以外の業務を兼ねるもの	農業外の職業従事者	農地法第2条第2項該当者	常時出稼者	備考
賃貸人 ○○○○	男	75	○					年雇（常雇） 　　男2人、女1人 臨時雇年延 　　男100人、　女　人 15歳未満の世帯員等 （構成員） 　　男　人、女　人
○○	女	74	○					
○○	男	55		○				
○○	女	56	○					
○○	男	23	○					
賃借人 ○○○○	男	78	○					年雇（常雇） 　　男　人、女　人 臨時雇年延 　　男　人、　女　人 15歳未満の世帯員等 （構成員） 　　男　人、女　人
○○	女	79	○					
○○	男	57			○			
○○	女	55			○			
○○	女	20			○			

8　賃借権の解約に伴い支払う給付の種類等

土地の別		離作料支給土地の面積	毛 上 補 償		離 作 補 償		代地補償		備　　　考
			10a当り	総量	10a当り	総量	地目	面積	
農地	田	0							
	畑	0							
採草放牧地									

9　信託事業に係る信託財産

※○○には、解除、解約の申入れ、合意による解約、賃貸借の更新をしない
　旨の通知のいずれかを記載します。

（平21・12・11　21経営4608・21農振1599　別紙1　様式例第9号の3）

○農地法第18条第6項の規定による通知書

様式例第9号の6

農地法第18条第6項の規定による通知書

○○○○年　○○月　○○日

○○市農業委員会会長　殿

通知者　（賃貸人）　住所○○県○○市○○町○─○

　　　　　　　　　　氏名○○○○　　　　　　　㊞

　　　　（賃借人）　住所○○県○○市○○町○─○

　　　　　　　　　　氏名○○○○　　　　　　　㊞

　下記土地について賃貸借の合意解約をしたので、農地法第18条第6項の規定により通知します。

記

1　賃貸借の当事者の氏名等

当事者	氏　　名	住　　所
賃貸人	○○○○	○○県○○市○○町○─○
賃借人	○○○○	○○県○○市○○町○─○

2　土地の所在等

所在・地番	地　目 登記簿	現　況	面積(㎡)	備　　考
○○県○○市○○町○○番地	畑	畑	1,500	

3　賃貸借契約の内容

4　農地法第18条第1項ただし書に該当する事由の詳細

5　賃貸借の解約の申入れ等をした日
　　賃貸借の解約の申入れをした日　　　　　　年　　月　　日
　　賃貸借の更新拒絶の通知をした日　　　　　年　　月　　日
　　賃貸借の合意解約の合意が成立した日　○○○○年○○月○○日
　　賃貸借の合意による解約をした日　　　○○○○年○○月○○日

6　土地の引渡しの時期　　　　　　　　　○○○○年○○月○○日

7　その他参考となるべき事項

（平21・12・11　21経営4608・21農振1599　別紙1　様式例第9号の6）

Q35 農地の権利を取得できる法人とは

 A 　農地の権利が取得できる法人として、①農地所有適格法人、②農地所有適格法人以外の法人（以下「一般法人」といいます。）があります。

　農地所有適格法人は、農地を借り受けることのみならず所有権等の権利を取得できる法人であり、一般法人は農地を借り受けることのみできる法人です。

解　説

1　一般法人の要件

　下記の要件を全て満たす法人であることが必要です（農地3③、農地則19）。

① 　その法人の業務を執行する役員又は重要な使用人（農場長等）のうち、一人以上がその法人の行う耕作の事業に常時従事すること

② 　農地の権利を取得後に農地を適正に利用していないと認められる場合は使用貸借又は賃貸借を解除する旨の条件が所有者との書面により契約がされていること

③ 　地域の農業における他の農業者との適切な役割分担の下に継続的かつ安定的に農業経営を行うと認められること

2　農地所有適格法人の要件

　下記の要件を全て満たす法人であることが必要です（農地2③、農地則

2〜9)。

① 法人組織の形態要件

　　次の五つの形態いずれかであること

　　㋐　株式会社（株式譲渡制限会社に限る）

　　㋑　合名会社

　　㋒　合同会社

　　㋓　合資会社

　　㋔　農事組合法人

② 事業要件

　　主たる事業が農業と関連事業（法人の農業と関連する農産物の加工販売等）であること（農業と関連事業が売上の過半であること）

③ 構成員要件

　　株式会社であれば、次に掲げる者に該当する株主の有する議決権の割合が総株主の議決権の過半を、持分会社であれば、次に掲げる者に該当する社員の数が社員の総数の過半を占めていること

　　㋐　その法人に農地の所有権の移転若しくは使用収益権を設定した個人等

　　㋑　その法人に農地について農地中間管理機構等を通じ使用収益権等を設定した個人

　　㋒　農作業委託者

　　㋓　常時従事者（年間150日以上その法人の業務に従事）

　　㋔　農地を現物出資した農地中間管理機構

　　㋕　地方公共団体、農業協同組合、農業協同組合連合会

④ 常時従事役員等の要件

　　㋐　農地所有適格法人の常時従事者（年間150日以上その法人の業

務に従事）たる構成員が理事（取締役）等の過半を占めること（構
成員たる常時従事者が150日以上従事できない場合は、その法人
の構成員の平均的な従事日数の3分の2以上従事する者であること
（少なくとも年間60日以上））

　㋑　㋐に該当する理事等若しくは重要な使用人（農場長等）のうち、
　一人以上が年間60日以上の農作業に従事すること

　なお、設立した法人が、一般法人、若しくは農地所有適格法人の要
件を備えているかどうかについては、当該法人の設立の際に一定の機
関から認可を得るという性格のものではありません。農地の権利取得
の手続（都市農地貸借円滑化法等）の際に、市町村・農業委員会等に
より要件を満たしているかの判断がされるものとなります。

　また、権利取得後は、それぞれ毎年農業委員会に事業の状況等を報
告する義務があります（農地6・6の2①）。

【参考書式】

○農地等の利用状況報告書

様式例第1号の7

農地等の利用状況報告書

○○○○年○○月 ○○日

○○市 農業委員会会長　殿

住所○○県○○市○○町○─○
氏名　○○株式会社
　　　代表取締役○○○○　㊞

○○○○年○○月 ○○日付け○○指令第○○号で農地法第3条第1項の許可を受けた農地（採草放牧地）について、下記のとおり報告します。

記

1　農地法第3条第3項の規定の適用を受けて同条第1項の許可を受けた者の氏名等

氏名	住所
○○株式会社　代表取締役○○○○	○○県○○市○○町○─○

2　報告に係る土地の所在等

所在・地番	地目 登記簿	地目 現況	面積（㎡）	作物の種類別作付面積（又は栽培面積）	生産数量	反収	備考
○○市○○町○○番地	畑	畑	○○○○	ネギ　○○○○㎡	○○○○kg	約○○万円	

3　農地法第3条第3項の規定の適用を受けて同条第1項の許可を受けた農地又は採草放牧地の周辺の農地又は採草放牧地の農業上の利用に及ぼしている影響

4　地域の農業における他の農業者との役割分担の状況
　　当法人の農場長である○○○○が，地域の営農部会の会計役を務めるなど，地域の話合いに職員をはじめ役員等が積極的に参加している。

5　業務執行役員又は重要な使用人の状況

氏名	常時従事者の役職名	耕作又は養畜の事業の年間従事日数
○○○○	農場長	300日

6　その他参考となるべき事項

（平21・12・11　21経営4608・21農振1599　別紙1　様式例第1号の7）

○農地所有適格法人報告書

様式例第5号の1

農地所有適格法人報告書

○○○○年○○月○○日

○○市農業委員会会長　殿

主たる事務所の所在地 ○○県○○市○○町○—○
名称及び代表者氏名　　株式会社○○農場　印
代表取締役○○○○

下記のとおり農地法第6条第1項の規定に基づき報告します。

記

1　法人の概要

法人の名称及び代表者の氏名	株式会社○○農場　代表取締役○○○○	
主たる事務所の所在地	○○県○○市○○町○—○	
経営面積（ha）	田	
	畑	1 ha
	採草放牧地	
法人形態	株式会社	

2　農地法第2条第3項第1号関係

（1）事業の種類

農　業		左記農業に該当しない事業の内容
生産する農畜産物	関連事業等の内容	
ニンニク	ニンニク加工	

（2）売上高

年度	農業	左記農業に該当しない事業
3年前（実績）		
2年前（実績）		
1年前（実績）		
報告日の属する年 （実績又は見込み）	10,564,000円	0円

3　農地法第2条第3項第2号関係

構成員全ての状況

(1)　農業関係者(権利提供者、常時従事者、農作業委託者、農地中間管理機構、地方公共団体、農業協同組合、投資円滑化法に基づく承認会社等)

氏名又は名称	議決権の数	構成員が個人の場合は以下のいずれかの状況				農作業委託の内容
		農地等の提供面積(㎡)		農業への年間従事日数		
		権利の種類	面積	直近実績	見込み	
○○○○	40	所有権	10,000	300日		
○○○○	30			200日		
○○○○	30			200日		

議決権の数の合計　　　　　　　　100

農業関係者の議決権の割合　　　　100

その法人の行う農業に必要な年間総労働日数：700日

(2)　農業関係者以外の者　((1)以外の者)

氏名又は名称	議決権の数

議決権の数の合計

農業関係者以外の者の議決権の割合

(留意事項)

　　構成員であることを証する書面として、組合員名簿又は株主名簿の写しを添付してください。

　　なお、農業法人に対する投資の円滑化に関する特別措置法(平成14年法律第52号)第5条に規定する承認会社を構成員とする農地所有適格法人である場合には、「その構成員が承認会社であることを証する書面」及び「その構成員の株主名簿の写し」を添付してください。

4　農地法第２条第３項第３号及び第４号関係

（1）理事、取締役又は業務を執行する社員全ての農業への従事状況

氏名	住所	役職	農業への年間従事日数		必要な農作業への年間従事日数	
			直近実績	見込み	直近実績	見込み
○○○○	○○県○○市○○町○−○	代表取締役	300日		300日	
○○○○	○○県○○市○○町○−○	取締役	200日		200日	
○○○○	○○県○○市○○町○−○	取締役	200日		200日	

（2）重要な使用人の農業への従事状況

氏名	住所	役職	農業への年間従事日数		必要な農作業への年間従事日数	
			直近実績	見込み	直近実績	見込み

（(2)については、(1)の理事等のうち、法人の農業に常時従事する者（原則年間150日以上）であって、かつ、必要な農作業に農地法施行規則第８条に規定する日数（原則年間60日）以上従事する者がいない場合にのみ記載してください。）

（平21・12・11　21経営4608・21農振1599　別紙1　様式例第5号の1）

田園住居地域とは

　2018（平成30）年4月の都市計画法改正により新たに設けられた用途地域で、市街化区域内にある宅地と農地の共存を目指した地域です。第二種低層住居専用地域を基礎にし、さらに一定の農業用施設や加工施設等の建築を可能とした地域です。

解　説

1　田園住居地域とは

　都市計画法に定める用途地域の一つで「農業の利便の増進を図りつつ、これと調和した低層住宅に係る良好な住居の環境を保護するために定める地域」（都計9⑧）です。

　第二種低層住居専用地域とよく似た用途制限のある住居系用途地域の一類型ですが、住宅街の中にある農地を保全しようとする発想に基づき、農地や農業と関係の深い施設の用途制限が緩和されています。

　周辺の建築物の高さ等は低層住居専用地域と同様であるため、日影の懸念が少なくその点の営農環境として良好な地域であることが期待できます。

　第二種低層住居専用地域では制限されている150m²を超える規模の農産物の直売所や農家レストラン、農産物や農業生産資材の貯蔵のための自家用倉庫、農産物を生産・集荷・処理・貯蔵するため工場の建築が認められています（ただし、床面積や階数の制限があります（建築

基準法別表第2（ち）四、建築基準法施行令130の9の4）。）。したがって、既存の農地の一部又は隣接する既存建築物を利用し、その農地で採れた農産物を用いた農家レストランや直売所等を経営することも可能です。

　もっとも、コンビニエンスストアや単なるレストランなど、農業と関係の薄いものは用途として認められず、田園住居地域及びその周辺の地域で生産された農産物の販売を主たる目的とする店舗や、そのような農産物を材料とする料理の提供を主たる目的とする飲食店等でなければなりません。

　田園住居地域内の農地において、土地の形質の変更、建築物の建築、土石の堆積などは原則として市町村長の許可が必要となります（都計52①）。300m²以上の規模の土地の形質変更や建築、堆積は、原則として許可されません（都計52②一・二ロ・三、都計令36の6）。これらの制限には、駐車場や資材置き場にするための造成や土石の堆積も含まれます。

2　田園住居地域の税制

(1)　相続税

　三大都市圏の特定市における市街化区域農地は、特定市街化区域農地と都市営農農地に分類されます。

　都市営農農地は、三大都市圏の特定市における市街化区域内農地であって、都市計画法上の生産緑地地区か田園住居地域にある農地です（租特70の4②四）。

　平成30年度税制改正により相続税納税猶予制度の適用対象農地が拡充し、都市営農農地である田園住居地域内農地についても、相続税納税猶予制度の対象農地となりました（租特70の6①）。

　そのため、田園住居地域にある農地では、相続が発生し相続人が当

該農地を相続した場合であっても相続税納税猶予制度の適用を受けることが可能です。相続税納税猶予制度の適用を受けて納税を猶予することで、納税資金を捻出するために農地を転用して売却する等によって農地が減少することを防止することができ、農地の保全が期待されます。

相続税納税猶予制度については、Q12からQ15を参照してください。

(2)　固定資産税

田園住居地域内の農地に対しては300m²を超える部分について、固定資産税評価額を2分の1に軽減する特例の適用を受けることができます（地税附則19の2・19の2の2）。

固定資産税は、農地を保有しているだけで負担しなければならない地方税です。田園住居地域内農地に係る固定資産税の負担を軽減することで、農地保有を継続することに伴う所有者の負担が軽減されることになります。

第 2 章

特定生産緑地における
ケーススタディ

200

Case 1　　特定生産緑地は一筆のうち一部の指定は可能か

 　2020（令和2）年10月に指定告示より30年目（以下「申出基準日」といいます。）を迎える生産緑地を所有しています。

　所有する一筆の生産緑地について、その一部を特定生産緑地に指定し、他の部分は指定を受けないことを考えているのですが可能ですか。

アドバイス

　生産緑地の一筆の一部のみを指定することは可能です。ただし、その面積を確定することが必要です。

　分筆が必要かどうかは、生産緑地のある市町村にお尋ねください。

　なお、特定生産緑地の指定を受けなかった生産緑地を申出基準日以降に農地以外に転用しようとするときは、買取申出をし（Q8参照）、行為制限が解除された後に、農業委員会への農地転用の届出（Q32参照）をすることが必要となります。

ポイント

　特定生産緑地の指定には、下限面積要件以上の一団の面積を有する生産緑地を指定することが必要です。

　一団の面積が500m²以上、若しくは市町村の条例で下限面積を定めているときはその面積以上（300m²以上等）となります（生産緑地3①②、生産緑地令3）。

　ただし、「同一街区に存在する複数の農地等と一体として緑地機能を果たしている等の場合で一定面積（100m²程度等）以上の農地につ

いて生産緑地の指定が可能」等と市町村の生産緑地指定基準等で定め
ているときは、この限りではありません（Ｑ６参照）。

　具体的ケースについては、市町村にお尋ねください。

＜参考＞平成12年12月28日都計発92号（Ⅳ－2－1　Ⅱ）　Ｄ　20　7(2)⑦)
　特定生産緑地は、生産緑地地区内の一部の生産緑地を指定すること も
可能であるが、その場合は、同一地区内の一筆の生産緑地の部分ごとに、
税制上の取扱いが異なる場合もあることから、原則として分筆を行うこ
とが必要となる点に留意が必要である。

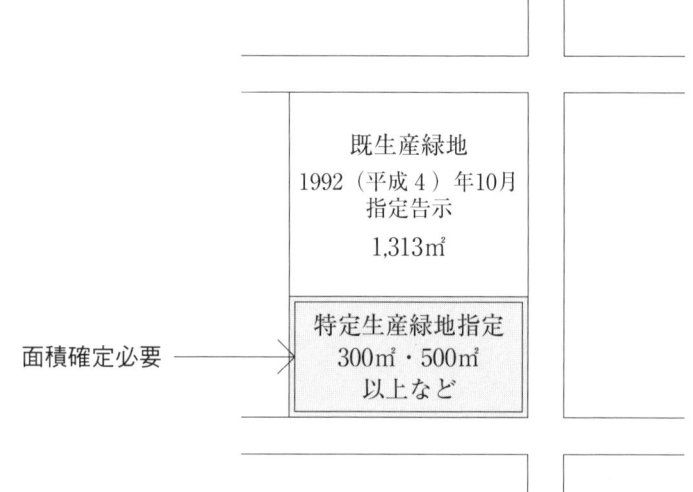

＜特定生産緑地の指定＞

Case 2　特定生産緑地や生産緑地（指定告示より30年以内）の所有者に相続が発生した。今後どのような選択や対応が考えられるか

ケース　Cは、2022（令和4）年10月に指定告示より30年目（申出基準日）を迎える生産緑地（A農地）と2015（平成27）年に追加指定をした生産緑地（B農地）を所有しています。A農地を特定生産緑地に指定した後に（B農地はまだ申出基準日を迎えていません。）、所有者Cが死亡し相続が発生したときは、どのような選択が考えられますか。

アドバイス

　A農地とB農地の生産緑地を共に相続した者をZとすると、Zにおいては、相続時に主に下記のいずれかの対応が可能だと考えられます。

①　A農地とB農地共に相続税納税猶予制度の適用を受ける。

②　A農地とB農地共に「主たる従事者の死亡」を事由に市町村長に買取申出を行う。

③　A農地とB農地共に相続税納税猶予制度の適用を受けず、生産緑地を継続する。

④　ZがA農地若しくはB農地のいずれかについて、㋐「主たる従事者の死亡」を事由に市町村長に買取申出を行う、㋑相続税納税猶予制度の適用を受ける、㋒相続税納税猶予制度の適用を受けず生産緑地を継続する。

ポイント

1　A農地とB農地共に相続税納税猶予制度の適用を受ける

　A農地が特定生産緑地の指定を受けることで、相続人Zは、A農地について相続税納税猶予制度の適用を受けることができることになります（1991（平成3）年1月1日現在の三大都市圏の特定市の市街化区域の農地以外の生産緑地は特定生産緑地の指定を受けずとも相続税納税猶予制度の適用可。Q26参照）。

　そのことにより、A農地とB農地共に相続税納税猶予制度の適用（終生適用）を受け、その後、都市農地貸借円滑化法による貸借や特定農地貸付法等による市民農園の開設等が可能になります（Q16、Q20〜Q22参照）。

　なお、相続税納税猶予制度は税務署に3年ごとの継続届出（租特70の6㉜）等、特定生産緑地は10年ごとに市町村に特定生産緑地指定の申請が必要となります（生産緑地10の3）。

> Q　都市農地貸借円滑化法による貸付け、若しくは、特定農地貸付法等により市民農園用地としていたときは？
> A　共に貸し付けたまま相続税納税猶予制度の適用を受けることが可能です（Q12参照）。

2　A農地とB農地共に「主たる従事者の死亡」を事由に市町村長に買取申出を行う

　特定生産緑地の指定を受けたA農地、生産緑地であるB農地共に、所有者Cが主たる従事者であったと認められるときは、「主たる従事者の死亡」を事由に、市町村長に当該生産緑地の買取申出を行うこと

が可能です（生産緑地10・10の5）。

Q　都市農地貸借円滑化法による貸付け、若しくは特定農地貸付法等により市民農園用地としていたときは？

A　貸し付けていても所有者Cが主たる従事者であったと認められるときは（生産緑地則3①二）、借受者から生産緑地の返還を受けることで、「主たる従事者の死亡」を事由に市町村長に買取申出を行うことが可能です（Q18参照）。

3　A農地とB農地共に相続税納税猶予制度の適用を受けず、生産緑地を継続する

相続税納税猶予制度の適用を受けずとも、もちろん相続人であるZは、生産緑地として相続をし、継続することが可能です（相続税の納付のめどが立つなど）。

この場合、①特定生産緑地は、10年ごとに指定を継続するかしないかの選択をする、②生産緑地（指定告示より30年以内）は申出基準日前に特定生産緑地に指定するかの選択をすることになります（Q26参照）。

また、生産緑地であれば、都市農地貸借円滑化法による貸借や特定農地貸付法等による市民農園の開設等が可能です（Q16、Q20～Q22参照）。

4　ZがA農地若しくはB農地のいずれかについて、①「主たる従事者の死亡」を事由に市町村長に買取申出を行う、②相続税納税猶予制度の適用を受ける、③相続税納税猶予制度の適用を受けず生産緑地を継続する

相続するA農地、B農地それぞれについて、上記アドバイス①～③の選択を行います。

Case 3　特定生産緑地や生産緑地（指定告示より30年以内）の耕作が困難になったが、買取申出ができるか。また、貸すことは可能か

ケース　2022（令和4）年10月に指定告示より30年目（申出基準日）を迎える生産緑地（A農地）と2010（平成22）年に追加指定をした生産緑地（B農地）を所有しています。A農地について特定生産緑地の指定を受けた後に、疾病等により耕作が困難になった場合、A農地（特定生産緑地）・B農地（指定告示より30年以内）共に、市町村長に買取申出をすることは可能ですか。また、貸すことは可能でしょうか。

アドバイス

　当該生産緑地の主たる従事者が、生産緑地法施行規則5条に規定する疾病に該当したときは、A農地・B農地共に市町村長に買取申出をすることは可能です。

　また、A農地・B農地共に、都市農地貸借円滑化法による貸借や特定農地貸付法等による市民農園の開設が可能です。

ポイント

　主たる従事者の故障による市町村長への生産緑地の買取申出（生産緑地10②）についてはQ8、都市農地貸借円滑化法による貸借はQ16、市民農園の開設はQ20〜Q22を参照してください。

　なお、制度の適用期限が20年（免除）の相続税納税猶予制度の適用

を受けている生産緑地（2018（平成30）年8月31日以前の相続により相続税納税猶予制度の適用を受けた都市営農農地以外の生産緑地）については、貸借や市民農園の開設を行ったときには、全ての特例農地の期限が終生適用となるので注意が必要です（Q13参照）。さらに、貸借においては使用貸借か賃貸借であるか、市民農園の開設も含め、貸付者が借受者の農業の業務に一定程度の関与をするか否かが、相続が発生した際に大きく関与しますので、契約前に十分に考慮することが重要です（Q18参照）。

Case 4　特定生産緑地に指定しなかった農地の所有者に相続が発生した場合、相続人は農地を転用して売却ができるか。また、相続税納税猶予制度の適用を受けることはできるか

ケース　2022（令和4）年10月に指定告示より30年目（申出基準日）を迎える生産緑地を所有しています。特定生産緑地を選択せず、申出基準日後もしばらくの間は農地として維持し、その後相続が発生したときに、相続人はその農地を転用して売却ができますか。また、相続税納税猶予制度の適用を受けることは可能ですか。

アドバイス

　本ケースの農地については「指定告示より30年を経過」したことを事由に市町村長に買取申出をし、市町村長等により買取りがされないときは、買取申出をしてから3か月経過後に行為制限が解除されることになります（生産緑地14）。その後、農業委員会に農地転用の届出をし、受理書の交付を受けた後に、農地以外に転用し売却することが可能となります。

　なお、本ケースの生産緑地は都市営農農地であることが想定され、この場合、当該農地を相続した者が相続税納税猶予制度の適用を受けることはできません。

ポイント

　現行の生産緑地について特定生産緑地の指定を受けずに申出基準日

を過ぎたときも、市町村長へ買取申出をし行為制限の解除がされない限り、生産緑地の指定を受けているという制度上の取扱いがされます。

　つまり、固定資産税の評価が変わり税額が上昇するものの（Q28参照）、生産緑地の指定は継続されているということになります。

　そのため、本ケースのように申出基準日を過ぎた生産緑地の所有者に相続があり、農地以外に転用しようとするときは、まず、所有者となる相続人が遺産分割協議書等により確定されており、その所有者が、①市町村長へ買取申出をする（Q8参照）、その後、②農業委員会への転用届出（Q32参照）を行うことになるため、一定の期間を要することになります。

　なお、都市営農農地以外の生産緑地であるならば、申出基準日を過ぎても、相続税納税猶予制度（特例農地）の適用が可能です。

Case 5　特定生産緑地に指定しなかった農地の耕作が困難になった場合、農地の貸借や転用はできるか

ケース　2022（令和4）年10月に指定告示より30年目（申出基準日）を迎える生産緑地を所有しています。特定生産緑地を選択せず、申出基準日以降もしばらくの期間は農地として維持し、その後、耕作が困難になったときに、一時的に都市農地貸借円滑化法により貸借をすることや、農地を転用し売却することは可能でしょうか。

アドバイス

　現行の生産緑地は、特定生産緑地の指定を受けずに申出基準日を過ぎても、市町村長へ買取申出をし、行為制限の解除がされない限り、生産緑地の指定は継続されているという制度上の取扱いがされます。つまり、固定資産税の評価が変わり税額が上昇するものの（Q28参照）、生産緑地に指定がされているということになります。

　そのため、当該農地は、生産緑地のみを対象とした都市農地貸借円滑化法による貸借が可能です。

　また、市町村長に「指定告示より30年を経過」したことを事由に買取申出をし、市町村長等による当該生産緑地の買取りがされないときは、買取申出をしてから3か月経過後に行為制限の解除がされることになります（生産緑地14）。

ポイント

　特定生産緑地の指定を受けず、申出基準日を経過しても、生産緑地

の指定から外れるということではありません。

　申出基準日を過ぎた生産緑地を農地以外に転用しようとするときは、①市町村長への買取申出（Q8参照）、その後の②農業委員会への転用届出（Q32参照）が必要となりますので、一定の期間を有することに留意してください。

Case6　都市農地貸借円滑化法により貸している生産緑地の耕作者が急死したが、生産緑地の返還を受けることができるか。また、主たる従事者の死亡により生産緑地の行為制限を解除できるか

ケース　　　所有する生産緑地（相続税納税猶予制度は未適用）を都市農地貸借円滑化法の認定を受けて、知人の農業者に貸していましたが、その知人が事故により急に亡くなってしまいました。その知人には同じく農業に従事する後継者がいますが、生産緑地は返還されることになるのでしょうか。それとも貸借期間が終了するまで貸借が継続されることになるのでしょうか。

　また、返還を受けたときに、知人である借受者の死亡を事由に主たる従事者証明を受けて、生産緑地の行為制限を解除することは可能でしょうか。

アドバイス

　本ケースにおいては、都市農地貸借円滑化法による生産緑地の貸借が、①賃貸借（有償）か、②使用貸借（無償）かで大きく異なります。

　賃貸借であれば、権利は貸借期間が終了するまで、継続されます。使用貸借の場合は借受者の死亡により貸借が終了します。

　また、生産緑地の返還を受けることができるならば、借受者（故人）が主たる従事者であったことが認められることによって、所有者による買取申出は可能であると解せます。

ポイント

1　農地の返還～生産緑地の貸借は、賃貸借か使用貸借か～

（1）　賃貸借（有償）の場合

　生産緑地の貸借が賃貸借であるときは、その賃貸借期間が終了するまで貸借が続くことになります。そのため後継者等が賃貸借期間の終了まで引き続きその生産緑地での耕作を継続することが可能になります。

　賃貸借においては「相続があったときは生産緑地を返還する」といった契約は無効であり、できません（農地18⑧）。

　なお、使用貸借ではそのような契約は可能となります（Q18参照）。

　Q　借受者が死亡したことから、賃貸借期間終了を待たずに賃貸借契約を解除したいときは？
　A　賃貸借を相続する者若しくは借受者（故人）の法定相続人全員と合意解約をし、生産緑地のある農業委員会に「農地法第18条第6項の規定による通知書」を届け出る必要があります（Q34参照）。

　Q　後継者が貸借期間終了までその生産緑地で引き続き耕作を継続する場合に農地制度上の手続は必要か？
　A　生産緑地のある農業委員会に①農地法3条の3の届出をし、市町村には②都市農地貸借円滑化法の事業計画の変更の届出を行います（都市農地貸借6②）（Q17参照）。

　生産緑地の賃貸借においては、賃借人・賃貸人の相続等を考慮して、双方の合意により賃貸借期間を設定することが望ましいと考えられます（Q18参照）。

（2）　使用貸借（無償）の場合

　生産緑地の貸借が使用貸借であるときは、貸借期間内であっても、借受者が死亡した時点で貸借が終了し、生産緑地は貸付者（所有者）

に返還されることになります（Q18参照）。

> Q　再度、借受者（故人）の後継者に生産緑地を貸したいときは？
> A　改めて都市農地貸借円滑化法の事業計画の認定を受けて（都市農地貸借4）、後継者と貸借をすることになります（Q16参照）。

2　生産緑地の行為制限の解除〜生産緑地の返還を受けることができるか〜

　都市農地貸借円滑化法により貸借している生産緑地の主たる従事者については、貸付者の相続等を考慮して、生産緑地法施行規則3条2号を受け、事業計画（都市農地貸借4①）若しくは貸借の契約書等において、通常、借受者と貸付者の双方を位置づけていると想定されます（Q18参照）。

　当然ながら、借受者は「主たる従事者」に位置づけられます。

　ただし、生産緑地の買取申出ができる者については、生産緑地法10条1項に「生産緑地の所有者」とされ、同じく同項に「当該生産緑地が他人の権利の目的となっているときは第12条第1項又は第2項の規定による買い取る旨の通知書の発送を条件として当該権利を消滅させる旨の当該権利を有する者の書面を添付しなければならない」と規定されていることから、本ケースにおいて、所有者（貸付者）が生産緑地の買取申出ができるか否かについては、まず貸借の解約が行われることが前提となります（第一種生産緑地も同様）。

(1)　賃貸借（有償）で耕作が継続されず合意解約がされた場合

　賃貸借において、借受者の相続人（ここでは農業の後継者等）が当該生産緑地を引き続き耕作をしないことをもって「農地法18条6項の規定による通知書」が農業委員会に届出がされ、農地が返還されたときは、当該生産緑地の所有者（貸付者）は、主たる従事者である借受

者の死亡により、市町村長に生産緑地の買取申出を行うことができると解せます（買取申出の手続はＱ8参照）。

(2)　賃貸借（有償）で貸付期間終了まで引き続き耕作が継続される場合

借受者（故人）との貸付期間が終了するまでその相続人（ここでは農業の後継者等）が当該生産緑地の耕作を引き継ぎ、賃貸借期間が終了後、生産緑地が返還され、借受者（故人）が主たる従事者であったことをもって、当該生産緑地の所有者が市町村長に買取申出が行えるか否かについては、都市計画運用指針（平12・12・28都計発92）において、「生産緑地地区に関する都市計画は、生産緑地に係る農地等利害関係人の同意を得て定められるものであるが、同意の段階において一般的に予測可能な期間を経過した場合又は明らかな事情変更があった場合には、その後の農林漁業の継続が困難になることが一般的に予想され、しかも生産緑地地区における行為制限のため、市場における譲渡性に欠けることに鑑み、生産緑地の所有者が市町村長に対し、時価で当該生産緑地を買い取るべき旨を申し出ることができるものとして権利救済を図ったものである」と定められていることから、それぞれの状況により判断がされるものですが、例えば、当該生産緑地の賃貸借を相続した後継者がその後の賃貸借期間終了まで相当長期間にわたり耕作を継続したときは、生産緑地の返還を受けた時点での主たる従事者は、借受者（故人）ではなく、耕作を引き継いだ後継者であると判断がされることがあると想定されます。

その場合、生産緑地の所有者は市町村長に当該生産緑地の買取申出をすることはできないと解せます。

Ｑ　借受者（故人）の賃貸借期間終了までその相続人である後継者が耕作を引き継ぎ、再度、同条件でその者との賃貸借を更新するときの手続は？

A　改めて都市農地貸借円滑化法の事業計画の認定を受ける（都市農地貸借4）、若しくは事業計画変更の申請を行います（都市農地貸借6①）。いずれにせよ、貸付者と借受者は新たに貸借の契約を結ぶ必要があります（Q17参照）。

(3)　使用貸借（無償）の場合

　使用貸借においては、借受者の死亡をもって生産緑地が返還されることから、当該生産緑地の所有者（貸付者）は、主たる従事者である借受者の死亡により、市町村長に生産緑地の買取申出を行うことができると解せます（買取申出の手続はQ8参照）。

Case 7　　相続税納税猶予制度の適用を受けている生産緑地を都市農地貸借円滑化法により貸し付けている耕作者が急死した。生産緑地の返還を受けても疾病により自ら耕作することが難しく、次に貸す相手も見付からないが、当面どのように対応したらよいか

ケース　　相続税納税猶予制度の適用を受けている生産緑地（都市営農農地）を所有しており、都市農地貸借円滑化法により貸し付けていましたが、借受者が急に亡くなってしまいました。その借受者には後継者はおらず、遺族からは生産緑地を返還したいと言われています。生産緑地の返還を受けても疾病により自ら耕作することが難しく、すぐには次に貸す相手も見付かりません。当面はどのように対応したらよいでしょうか。

アドバイス

　相続税納税猶予制度の適用を受けており、自ら耕作ができず、すぐには貸す相手方が見付からないとのことですので、生産緑地の返還を受けてから、2か月以内にそのような対処ができないことを想定し、当面の対応として、1年以内に新たな認定都市農地貸付け等を行う見込みであることについて税務署長の承認を受けることが必要です。

　ただし、①承認が却下されたとき、②承認を受け、生産緑地の返還を受けた日より1年以内に、自ら耕作を開始していない、また、新たに認定都市農地貸付けを行っていないときは、相続税納税猶予制度の期限が確定する（制度の打ち切りとなる）ことになるので注意が必要です。

ポイント

1　貸借の形態

　貸借が賃貸借であったときは、通常は、相続人と連名で農地法18条6項の規定による通知書を農業委員会に提出し、賃貸借の解約を行います。

　使用貸借では、借受者の死亡の日をもって、貸借が終了となります。

2　生産緑地の買取申出

　借受者の死亡は主たる従事者の死亡に当たると考えられ、生産緑地の返還を受ければ、その所有者は当該生産緑地の買取申出を市町村長に行うことが可能であると解せます。

　ただし、当該生産緑地は相続税納税猶予制度の適用を受けており、都市営農農地であることから、買取申出は期限の確定（制度の打ち切り）の事由に当たり、その場合は、利子税を付して猶予税額を税務署に納付しなくてはならず、賢明な選択とはいえません（Q14参照）。

3　1年以内の新たな貸付け又は耕作の開始

　以上のことより、生産緑地の返還を受けた1年以内に、①農業委員会等に相談をしながら新たな借受者を探す、若しくは、②当該生産緑地を世帯員等により、また雇用や作業委託等を活用しながら（新たな借受者等があるまで）自ら耕作を開始していくことが必要となります。

　その場合、それぞれ税務署に、市町村長又は農業委員会の証明を添付し報告することが義務付けられています（租特70の6の4）。

Case 8　自ら法人を立ち上げ、その法人に特定生産緑地若しくは生産緑地を貸して農業経営を法人化したいが、どのように進めればよいか

ケース　　2020（令和2）年10月に指定告示より30年目（申出基準日）を迎える生産緑地と、2010（平成22）年に指定を受けた生産緑地を所有しています。

都市農地貸借円滑化法が施行されたことを機に、自ら法人を立ち上げ、その法人に所有する生産緑地を貸し付けて農業経営を法人化したいのですが、どのように進めればよいでしょうか。

アドバイス

まず、自ら、①農地所有適格法人、若しくは②農地を借り受けることが可能な農地所有適格法人以外の法人（以下「一般法人」といいます。）を立ち上げます。その後、その法人に、個人所有する生産緑地を都市農地貸借円滑化法により貸し付け、法人経営を開始することになります。

ポイント

都市農地貸借円滑化法が施行されたことにより、生産緑地を所有する者が法人を立ち上げ、その法人に生産緑地を貸与することにより、農業経営の法人化が可能となりました。

1　メリット

　法人による農業経営の一般的なメリットに加え、生産緑地において
は、所有者自ら代表等を務める法人が生産緑地を借り受けるのである
ならば、所有者（本人）に相続が発生した場合に、賃貸借であっても、
確実に生産緑地の返還を受けることが可能だといえます。

2　法人形態

　その法人がいずれは農地の所有権を取得したいということであれ
ば、①農地所有適格法人を、例えば、当面は生産緑地を借り受けるの
みであるということであれば、②一般法人を立ち上げることになりま
す。そのためには、法人設立の際に、それぞれの法人要件を満たすこ
とが必要です（Q35参照）。

3　都市農地貸借円滑化法による貸借

　法人を立ち上げた後に、当該法人は、生産緑地を都市農地貸借円滑
化法により借り受けます。貸借のための市町村長による事業計画の認
定を受けるには、当該法人が同法の規定する要件を満たすことが必要
です。その中で、例えば、全部効率利用要件（Q33参照）を満たすた
め、個人で所有していた農業機械や作業場等を法人に貸与するという
ことも必要になるケースが考えられます。

　また、その法人が生産緑地以外の農地を借り受けようとするときは、
都市農地貸借円滑化法以外の法律（農地法3条（Q33参照）、農業経営
基盤強化促進法、農地中間管理事業の推進に関する法律等）による貸
借の手続を進め、その要件を満たすことが必要となります。

＜農地所有適格法人以外の法人による都市農地貸借円滑化法の貸借（生産緑地）＞

農業経営の法人化

　前提＝<u>借受けのみ可（所有権取得は不可）</u>所有権取得ができるのは農地所有適格法人のみ（所有権取得・借受けともに可）

◆農地の貸借ができる法人の要件（一般法人）

> 1　業務執行役員若しくは<u>重要な使用人</u>のうち１人以上の者がその法人が行う農業に常時従事すること
> 2　地域における他の農業者との適切な役割分担の下に継続的かつ安定的に農業経営を行うと見込まれること

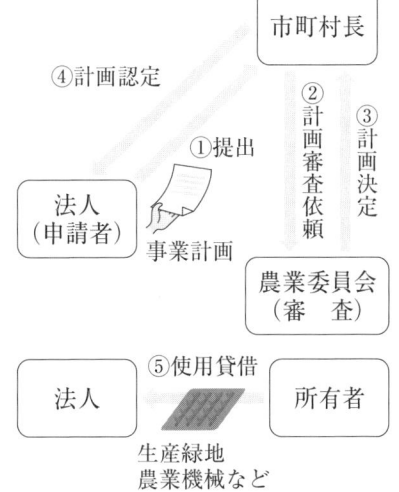

Case 9　第一種生産緑地を所有しているが、特定生産緑地の手続は必要か。都市農地貸借円滑化法による貸借は可能か

ケース　　私の所有する土地は、第一種生産緑地として指定を受けています。2018（平成30）年4月に特定生産緑地制度が施行されたそうですが、私の所有する第一種生産緑地も「特定生産緑地」の指定を受ける手続が必要でしょうか。手続をしなければ何かの不都合が生じるのでしょうか。

　また、この第一種生産緑地を都市農地貸借円滑化法によって貸し出したいと考えていますが、可能でしょうか。

アドバイス

　第一種生産緑地は、特定生産緑地の指定を受けなくとも従前の税制度が継続されます。第一種生産緑地も都市農地貸借円滑化法によって貸し出すことができます。

ポイント

1　第一種生産緑地は特定生産緑地の指定は不要

　第一種生産緑地は、特定生産緑地の指定を受けなくとも従前の税制が継続されます。

　第一種生産緑地は、特定生産緑地の指定の対象外となりますので、そもそも指定を受ける必要はありませんし、当然、指定の申請も必要ありません（第一種生産緑地は、特定生産緑地の対象となる「近く申

出基準日が到来する生産緑地」には当たらないため指定対象外です。)。

　第一種生産緑地の詳細についてはQ4を参照してください。

2　都市農地貸借円滑化法による貸出の可否

　都市農地貸借円滑化法が施行され、この法律に基づいた「生産緑地」の貸出ができるようになりました。第一種生産緑地も、都市農地貸借円滑化法の対象である「生産緑地」に当たりますので、この法律により第一種生産緑地を貸し出すことが可能です（都市農地貸借円滑化法の詳細についてはQ16〜Q19を参照）。

Case10　生産緑地の指定告示より30年を経過したが、やはり特定生産緑地の指定を受けたいが可能か

ケース　2022（令和4）年10月に指定告示より30年目（申出基準日）を迎える生産緑地を所有しています。特定生産緑地の指定をせず、申出基準日が経過した後に、状況の変化により、やはり特定生産緑地の指定を受けたいと考えたときに、特定生産緑地の指定を受けることは可能なのでしょうか。

アドバイス

申出基準日を過ぎた後に、特定生産緑地の指定を受けることはできません。

ポイント

特定生産緑地の指定を受けることはできません（生産緑地10の2①）。

また、申出基準日を過ぎた生産緑地は、固定資産税の評価が変わり段階的に税額が上昇するものの（Q28参照）、市町村長へ買取申出をし行為制限の解除がされない限り、生産緑地の指定は継続されているという取扱いがされます。

つまり、申出基準日を過ぎた後に、やはり、固定資産税の税額を抑えたい、相続税納税猶予制度の適用を受けることが可能な農地にしたいといった事由から、現行制度の（30年間の）生産緑地の取扱いを再度始めたくとも、それは制度上できないということになります。

　ただし、市町村の生産緑地の指定基準等によっては、「指定告示より30年を経過」した事由により、生産緑地の買取申出をし行為制限を解除された後に、新たに現行制度の生産緑地の再指定を受けることは可能であると考えられます。

　この場合、相続税納税猶予制度の適用を受けている都市営農農地（1991（平成3）年1月1日現在の三大都市圏の特定市の市街化区域の生産緑地）では、相続税納税猶予制度が期限の確定（制度の打ち切り）となるので、特に注意が必要であり、本目的のための買取申出は行わないことが賢明だと考えられます（Q14参照）。

　そのため、相続税納税猶予制度の適用を受けている都市営農農地では、特定生産緑地の指定を受けるか受けないかの判断が特に重要となります。

Case11　相続税納税猶予制度の適用を受けている特定生産緑地や生産緑地が公共用道路用地として収用の対象となったが、期限の確定（制度の打ち切り）とならないためには、どのような対処方法があるか

ケース　　　私は、生産緑地指定を受け相続税納税猶予制度の適用を受けた農地を所有しています。今回、相続税納税猶予制度の適用を受けている特例農地の一部が、公共用道路用地として収用の対象となりました。

収用されることで当該農地における営農を継続できないことになってしまうため、猶予相続税額について期限が確定し、これまで猶予されていた相続税額や利子税を納税しなければならないのでしょうか。

収用対象となった農地について引き続き相続税納税猶予制度の適用を受けることは可能でしょうか。

アドバイス

農地が収用された場合、譲渡があったものとして猶予相続税額の納付期限が確定し、猶予相続税額を利子税と共に納付しなければならないのが原則的な課税の取扱いです。

もっとも、収用による譲渡があった日から1か月以内に、所轄税務署へ「代替農地等の取得等に関する承認申請書（納税猶予事案用）」を提出し、1年以内に代替農地を取得したのであれば、譲渡はなかったものとみなされ、引き続き納税猶予を受けることができます。

ポイント

1　土地が収用された場合の所得税の取扱い

公共用道路用地として農地が収用され、補償金の交付を受けた場合、譲渡があったものとして譲渡所得が発生することになります。

もっとも、本人の意思によらない収用によって譲渡所得が発生し、納税義務を負担させることは酷であることから、収用に伴う譲渡所得の計算上5,000万円の特別控除が認められています（租特33の4）。

また、収用によって交付を受けた補償金を原資として代替土地を取得した場合には、実質的には交換といえることから、譲渡がなかったものとみなされ譲渡益に課税をしない課税の繰延べの特例制度があります（租特33）。なお、5,000万円の特別控除を受ける場合には、課税の繰延べの特例は受けることができません。

相続税納税猶予制度の適用を受けている特例農地について納税猶予を継続して受けるため、後述する代替農地取得に関する申請を予定している場合には、収用による譲渡はなかったものとみなされます。そのため、5,000万円の特別控除の適用を受けた所得税確定申告書を作成しないように留意します。

2　特例農地が収用された場合の猶予相続税額の取扱い

相続税納税猶予制度の適用を受けている特例農地が収用された場合、特例農地が収用によって譲渡されたことになることから猶予相続税額の納付期限が確定します。

そのため、収用された特例農地に係る猶予相続税額と利子税を納付するのが原則的な課税の取扱いです。

もっとも、本人の意思によらない収用によって猶予相続税額や利子

税額を本人に負担させるのは酷であることから、後述する利子税の特例や代替農地取得に係る申請の制度があります。

3　利子税の特例

　相続税納税猶予制度の適用を受けている農地の全部又は一部につき収用による譲渡をした場合において、本人の意思によらない収用によって多額の利子税を負担させることは公平性を欠くことから、利子税の額を軽減する特例があります（租特70の8）。

　当該特例を適用した場合、2014（平成26）年4月1日から2021（令和3）年3月31日までの間に収用による譲渡があった場合に負担する利子税額は0になります。また、2014（平成26）年4月1日から2021（令和3）年3月31日以外の時点で収用がされた場合の利子税額は2分の1に軽減されます。

　この利子税の特例の適用を受けるためには、収用による譲渡があった日から2か月を経過する日までに、添付書類と共に「納税猶予の適用を受けている農地等について収用交換等による譲渡を行った場合の利子税の特例の適用に関する届出書」を所轄税務署へ提出する必要があります。

4　代替農地の取得に関する特例

　相続税納税猶予制度の適用を受けている特例農地を収用により譲渡した場合において、引き続き納税猶予の特例を継続して受けるためには、収用による譲渡があった日から1か月以内に、所轄税務署へ「代替農地等の取得等に関する承認申請書（納税猶予事案用）」を提出する必要があります（租特令40の7）。

　「代替農地等の取得等に関する承認申請書（納税猶予事案用）」には、譲渡した特例農地に関する情報や、譲渡日から1年以内に取得をする

見込みの代替農地に関する情報等を記載します。

　所轄税務署へ「代替農地等の取得等に関する承認申請書（納税猶予事案用)」を提出することで当該承認に係る譲渡はなかったものとみなされることになります（租特70の6⑳一）

　その後、代替農地を取得した場合には、取得した代替農地に係る情報を記載した「代替農地等の取得価額等の明細書」を代替農地取得後遅滞なく所轄税務署へ提出する必要があります（租特則23の8⑱⑲）。

　収用による譲渡日から1年を経過する日までに代替農地を取得することで当該代替農地を特例農地とみなすことができ、収用までに受けていた相続税納税猶予制度の適用を引き続き受けることができます（租特70の6⑳三）。

5　代替農地を取得しきれなかった場合の猶予相続税額の取扱い

　収用による譲渡があった日から1か月以内に、所轄税務署へ「代替農地等の取得等に関する承認申請書（納税猶予事案用)」を提出することで、承認申請書に記載した収用農地の全てについて譲渡がなかったものとみなされます。

　もっとも、収用による譲渡から1年を経過する日において、収用により交付を受けた補償金の一部について代替農地取得に充てておらず、納税猶予の適用対象にならないものがある場合には、納税猶予の適用対象とならなかった部分については譲渡がされたものとして猶予相続税額の納付期限が確定することになります（租特70の6⑳二）。

6　収用された場合に確定する猶予相続税額の範囲

　収用による譲渡で猶予相続税額の納付期限が確定するのは、猶予相続税額のうち、代替農地の取得に充てられなかった譲渡した特例農地

に係る部分です。相続税納税猶予制度の適用を受けている特例農地のうち引き続き営農を継続している部分の納付期限は確定せず引き続き納税猶予を受けることができます（一部確定）。

　なお、任意による譲渡の場合、譲渡した特例農地の面積が特例農地全体の20％を超える場合には猶予相続税額の全部について納付期限が確定することになります（全部確定）。

　もっとも、収用による譲渡は本人の意思によらない公益的な理由によるものであることから、納税猶予の全部確定の基準となる20％を計算する譲渡特例農地から除外されています（租特70の6①一）。そのため、仮に収用された農地が特例農地の20％を超えており、かつ代替農地を取得しなかった場合であっても、猶予相続税額の全部の納付期限が確定しません。収用による譲渡があった部分に限り猶予相続税額の納付期限が確定することになります。

索　引

232

事 項 索 引

Q＆Aとケースでみる
生産緑地2022年問題への
対応・承継・税制のすべて

令和2年3月2日　初版発行

共　著　本　木　賢　太　郎
　　　　岩　崎　紗　矢　佳
　　　　松　澤　龍　人
　　　　飯　田　淳　二

発行者　新日本法規出版株式会社
　　　　代表者　星　　謙一郎

発行所　新日本法規出版株式会社
本　社
総轄本部　(460-8455)　名古屋市中区栄1－23－20
　　　　　　　　　　　電話　代表　052(211)1525
東京本社　(162-8407)　東京都新宿区市谷砂土原町2－6
　　　　　　　　　　　電話　代表　03(3269)2220
支　社　札幌・仙台・東京・関東・名古屋・大阪・広島
　　　　高松・福岡
ホームページ　https://www.sn-hoki.co.jp/